ちくま文庫

天文学者たちの江戸時代

増補新版

嘉数次人

筑摩書房

目次

第三章 改暦・翻訳・地動説——高橋至時・伊能忠敬による発展 109

補章 書物と西洋天文学 223

天文学者たちの江戸時代　増補新版

プロローグ　天文と暦——日本の天文学ことはじめ

宇宙へのあこがれと探求心

夕方、太陽が西の空を赤く染めて地平線の彼方へ沈むと、空は青から藍色へと色を変えていき、やがて一つ、また一つと星が輝きはじめる。

満天の星空の下に出て見上げると、今にも星が降ってきそうだ。しかし手を伸ばしてみても、高い山に登っても星に手は届かない。夜空の月を追いかけようといくら走っても、月は相変わらず同じ方向で輝いていて近づく気配さえ見せない。そんな体験をするたびに、私たちは自らの存在の小ささと、宇宙の広さとを実感するのだ。

恒星たちを線で結んで星座を描いてみよう。すると天馬ペガサスや勇者ペルセウス、さそりに殺された狩人オリオン、大神ゼウスが化けた白鳥など、私たちを遠い時代の神話の世界へ誘ってくれる。今度は望遠鏡を夜空に向けて覗いてみると、肉眼で見ることができない土星の環や月のクレーターの姿に息をのみ、はるか数千万光年の彼方から届いた銀河の光を見て宇宙の広さに思いを馳せることができる。

このような星々を眺めて、人々は何千年も前から疑問を抱き続けてきた。「私たちをとりまく宇宙はどのくらいの広さがあるのだろう」「星の正体はどのようなものなのか」「宇宙はどうやって生まれてきたのか」。疑問を挙げ始めればきりがない。そして、その謎を解き明かそうとして日々研究に取り組んでいる人たちが天文学者である。

ところで、天文学者が講演や天体観望会などの場で宇宙の話をすると、「ロマンあふれる仕事ですね」「こんな壮大なスケールの研究をされていると、日ごろの悩みなんて飛んで行ってしまいますね」というような言葉をよくかけられるのだそうだ。確かに研究対象である宇宙は果てしなく大きく、そのスケールは浮世離れしている。しかし、研究に携わる天文学者も人の子である。他の人と同じように日々の生活を送る中でいろいろ悩みを持つことには変わりない。仕事の面だって同じだ。職場で働く限り自分の好き勝手に研究はできない。研究実績があがらないと評価も下がるし、研究費の工面も必要だ。研究歴の浅い若手は就職口を探さなければならない。悩みは尽きないのだ。

そんな天文学者の悩みは、何も現代特有のものではない。一七世紀イタリアの天文学者ガリレオが地動説を擁護したとして宗教裁判にかけられたという有名な出来事をはじめ、遠い昔の天文学者たちもそれぞれの時代の中で悩みながら研究をしてきたのだ。

ではなぜ、天文学者たちは悩み、時には命を懸けてまで宇宙の謎を探求し続けてきたのであろうか。

江戸の天文学への招待

本書では、そんな天文学者の姿を一つの軸として、特に日本の天文学の大きな転換期となった江戸時代に焦点を当てることにする。

江戸時代は文化が大きく発展した時代である。天文学についても例外ではなく、様々な人が、各地で、それぞれの目的で天文学に関わる活動を行っていた。本書でそれら全てを網羅することはできない。そこで焦点を当てたのが江戸幕府である。江戸幕府には天文学に関わる施策があり、一七世紀後半に天文方（てんもんかた）という組織も作られ、幕府が崩壊するまで存続していた。

また天文学というと限られた一分野に思われるが、江戸幕府の中で天文学に関係する人物には、徳川吉宗や伊能忠敬といった有名人がいた。さらに蛮書和解御用（ばんしょわげごよう）やシーボルト事件という日本史でよく知られた事柄には、幕府の天文学者が関係していた。

その背景には、かつての天文学が権力と深く結びついていたという事情があった。だから為政者が学問に関わることもあれば、反対に天文学者が政治に関与することもある。例えば徳川吉宗は天文学に強い興味を持ち、改暦を推進した。また蛮書和解御用は天文学者が建議した業務であったし、シーボルト事件は天文学者が国家機密の伊能図をシーボルトに手渡した事件であった。学問といえども世の中の動きと無関係ではいられないのだった。

一方で、二六〇年余り続いた江戸時代における天文学は、古代から続いた伝統的な考え方に従いながらも、新しく入った西洋天文学の知識も取り入れて、大きな発展を見せた。江戸後期になると天文学者は地動説を知っていたし、天王星の観測も行っているなど、意外に進んでいると感じさせることも多く、科学の目で見ても非常に興味深い時代である。

天文学者の行動も含め当時の様子を詳しく知ることができるのは、現存する資料が比較的多いからである。例えば江戸後期だとまだ二〇〇年ほどしか経っていないから、公刊された著書だけでなく、天文学者が著した草稿や書簡といった資料も多く残されている。したがって、それらを読めば、どのように学問が発展したのか、天文学者たちがどのように仕事を進めたのか、その様子をうかがうことができる。

そこで本書では、江戸の天文学に深く関わる何人かをクローズアップし、彼らの当時の天文学上の業績に加えて、現存資料に見られる記述などを交えながら、天文学者たちの仕事ぶりも合わせて見ていくことにしたい。

日本の天文学は六世紀頃に始まった

ここで本題に入る前に、江戸時代以前の日本の天文学を概観してみよう。私たちをとりまく宇宙がどのようになっているのかを研究する天文学は、人類が作った学問の中で最も古いものの一つとされる。昔から人々は夜空に輝く星々を見上げ、この広い宇宙はどんな世界なのだろうか、私たちはその中のどこに住んでいるのか、宇宙はどうやって生まれて今後どうなっていくのか、などといった謎に取り組んできた。

そこで私たちが天文学の歴史を振りかえろうとして本をひもとくと、日本での出来事がほとんど書かれていないことに気づく。天文学史では、天文学は古代エジプトやメソポタミアで誕生し、ギリシア、ローマ、中世アラビアを経てヨーロッパで発達して現在に至るという歴史が語られるのが主流であり、日本に関する記事は一九世紀から二〇世紀になって、ようやく少し登場する程度である。しかし、日本の天文学の歴史は古く、文献では六世紀まで遡ることができるのだ。

日本で最初に天文学に関する記事が登場する文献は『日本書紀』である。それによると、欽明天皇一四（五五三）年六月に朝廷が百済に使いを送った際、医博士、易博士とともに暦博士を交代で送ってもらうように要請し、その際に卜書、暦本、種々の薬物も要請したという。それを受けて、翌年二月には百済から暦博士の固徳王保孫が来朝している。その後、推古天皇一〇（六〇二）年一〇月には百済の僧観勒が来朝して、暦の本、天文地理の書などを伝え、書生三、四人を選んで観勒に学ばせたという記事が見られる。

また、初めての天文観測記事としては推古天皇二八（六二〇）年一二月に「天に赤気が現れ、長さが一丈余、形は雉の尾に似ていた」という記述があり、推古天皇三六（六二八）年三月には日食があったことを伝える記事もあるから、六世紀半ばから七世紀始め頃が日本の天文学のスタート時期のようである。その後天武天皇四（六七五）年には初めて占星台を興すという記事が見られ、天文観測に関わる記事が増えてくるのもこの頃で、天文に対する関心の高まっていた様子がうかがえるのである。

ベースは中国天文学

これらの記録を見てわかるように、古代の天文学は大陸からもたらされたもので、その学問の源流は中国にあった。この中国天文学を基本とする姿勢は、その後千年余りのちの、江戸時代末まで続いたのである。

さて、ここで「中国天文学」という表現に疑問を持たれるかもしれない。現代の天文学は、世界中の研究者が協力し合って研究を推進するグローバルなものであり、天文学者たちは共通の問題意識や目的を持っていて、世界のどこで研究しても差異はない。しかし昔はそうではなく、同じ宇宙を対象としていても国や地域によって研究目的そのものが異なっていたのである。

中国天文学の大きな特徴は、支配者のための学問として発展したという点である。古代中国において、この世のすべてを支配しているものは「天」であり、天から「天下」の支配を命ぜられた者、つまり天命を受けた者が「天子」として支配者（皇帝）になるとする思想が形成され、支配者は天の意思に従って政治を行わなければならないという考えが生まれた。そしてその考えは歴代王朝に受け継がれていった。

結果として、王朝の庇護の下にあった中国天文学は、大きく二つの目的を持ったのである。その一つは「天文」といい、権力者のために天文占いをすること。もう一つが「暦」といい、天体の動きをつぶさに調べて、民に配る毎年の暦を作ることだ。したがって、天文学者が研究を行う目的もこの二つにあったし、目標を達成するための研究は、権力者たちが国を支配する際に不可欠なものとして位置づけられていたのである。

天の声を読み取る「天文」

この考えの中では、「天」は自ら意思を持ち、地上の支配者が行っている政治に対してメッセージを与えるとされた。つまり、支配者の政治が悪いと、天災や疫病、反乱などが起こって国が乱れてしまうから、それに対して警告を与えるのだ。といっても、天は人間のように声を発しないので、代わりに日月食や彗星などの天体現象や、虹などの気象現象をはじめとした種々の「現象」という形でメッセージを送ると考えられた。

したがって、天子は常に空を見上げ、何か変わった現象が起こるとその意味を読み取り、政治に反映させる必要があり、この読み取る行為こそが現在でいう天文占い（以下、本書では天文占と呼ぶ）である。中国天文学では、このような国家のための天文占のことを「天文」と呼んだ。今の私たちが使っている天文学という言葉の意味とは違う意味を持っているので、注意が必要である。

さて、天体現象と一言でいうものの、実は日食や月食、惑星の複雑な動き、彗星や流星の出現など多くの種類がある。しかもそれぞれがどういうタイミングで起こり、空のどの位置で見え、どのように動いたかなど、天文占では些細な点までも意味を持つとされた。占いの具体例は『史記』や『晋書』といった中国歴代王朝の正史をはじめ、多くの書物に記載されており、例えば『史記』天官書の中にある天文占の一例を紹介すると、土星が水星と会合すると、五穀の実りは豊かだが事はうまくゆかず、敗軍があることになる。だからその位置に相当する国は大事を行なうことができぬ。土星が出る時は領土を亡失し、はいる時は土地を獲得する。金星と合する時は流行病や内乱があって土地を敵に取られる。

（野口定男ほか訳『史記』上、平凡社、二五一ページより引用）

といった具合である。これらから、惑星の会合現象でも天体が違うと占い結果がまったく変わることがわかる。さらに、占う際には過去に起こった事件や天災と天文現象との関連なども調べなければならず、結果的に非常に複雑なものとなっていたのだ。

民に時を授けるための「暦」作り

では、もう一つの柱であった暦作りはどうだろうか。農業がベースであった昔の時代においては、種まきや収穫の時期をはじめとした季節の移り変わりを庶民に知らせ、豊かな国を造ることは為政者の仕事として重要事項であった。また、当時使われていた暦は、太陰太陽暦（たいいんたいようれき）と呼ばれる種類のもので、空で輝く太陽の動きや月の満ち欠けから毎月の日付を決定していたので、正確な暦を作るには、太陽と月の運動の中にある法則性を見いだす必要があった。したがって、天の法則をきちんと把握し、将来の天象を予測して正しい時を授けるための暦を作る行為は、支配者自身が天の意思を全て把握しているのだと宣言することであり、「観象授時（かんしょうじゅじ）」と呼ばれる最も重要な任務の一つとして位置づけられた。

　そのため、天命を受けた人物による新しい王朝が成立すると、支配者は暦法を変える「改暦」を行わなければならなかった。『史記』暦書には、

> 王者が革命を起こし天命をうけ〔て、新しい王朝を立て〕た時には、まず最初を慎重にしなければならぬ。暦を改正し、服色を改めるばあいには、天体運行の法則の基を考え、天の意をうけてそれに従うのである。
>
> （野口定男ほか訳『史記』上、平凡社、二三九ページより引用）

とあり、新しい暦の制定がいかに重要視されていたのかを知ることができる。その一

方で、支配を受ける者の立場からすると、新しい支配者が作った暦を用いるということは、その王朝の支配下に入ったことを意味したのである。

さらに、中国の歴代王朝が暦を重視したことは、改暦が王朝成立時以外にもたびたび行われたという事実からも見てとれる。これは、当時の科学力では精密な研究や観測はできないので、暦を作る計算法を何十年も使い続けると、計算で予報した天象の日時と実際に起こる天象の日時との間に誤差が生じてくる。そうなると暦を作った王朝は信頼を失い権威が低下するから、研究を重ねてより良い暦法に改良し、古い暦法と置き換える「改暦」を行ったのだ。

天文占と暦作りはこれほどに重要なものであったから、当然ながら支配者以外の者が行うことは禁じられた。さらに天文占の結果や、暦を作るための計算方法も国家機密とされた。つまりかつての中国で天文学は、現代のように庶民が手を出すことのできる学問ではなかったのである。

陰陽寮とその仕事

さて、話題を日本に戻そう。古代中国で形成されたこの考え方は、六世紀頃から日本にも伝えられ、朝廷内に天文や暦学を司る「陰陽寮」という役所が作られた。八世紀の『養老令』には陰陽寮の役職や人数に関する記事が見られ、事務部門をはじめ天文・暦・漏刻・陰陽という合計五つの部門があり、定員は八八名であった。これらのうち、天文部門は天文占を、そして暦部門は毎年の暦作りを、漏刻部門は水時計による時刻管理を、陰陽部門は陰陽道による占いを担当としていた。

この中の天文部門には、今でいう教授にあたる天文博士とその部下の天文生がおり、平安時代の陰陽師として有名な安倍晴明も天文生からスタートし、やがて天文博士に昇任している。彼らは日々空を観察し、何か天文現象を確認すると教科書や過去の事例を調べて現象の意味を解釈し、天文博士がその結果を天皇に奏上した。その占い結果は政治の方針を決定するほどに重要なものであるから密封されたうえで報告されたので、天文密奏と呼ばれた。

同様に、暦部門にも教授にあたる暦博士と部下にあたる暦生がいて、毎年の暦の作成に従事した。スタッフは、暦法と呼ばれる計算方法に基づき、毎年の二十四節気や新月の時刻、日月食などを計算し、毎日の吉凶占いなどの注釈を加えて暦本に仕立てるのである。そして、毎年一一月一日になると翌年分の暦本を陰陽寮から中務省に提

表1　日本で採用された太陰太陽暦

暦法名	施行開始年
元嘉暦	持統天皇 4（690）
儀鳳暦	文武天皇 2（698）
大衍暦	天平宝字 8（764）
五紀暦	天安 2（858）
宣明暦	貞観 4（862）
貞享暦	貞享 2（1685）
宝暦甲戌元暦（宝暦暦）	宝暦 5（1755）
寛政暦	寛政 10（1798）
天保壬寅元暦（天保暦）	天保 15（1844）

出し、中務省はその日のうちに天皇に奏進して承認を得た後、朝廷内で暦のコピーが作られ全国に配布された。

ちなみに、天体の運動は複雑であるから、それらを事前に予報するための暦法も大変複雑なものとなり、暦作成には精密な天体観測の積み重ねと高度な数学の知識が必要であった。そのため、当時の日本の科学力では独自の暦法を作ることができず、中国の暦法がそのまま輸入、使用された。そして日本人が独自に作った暦法が採用されるのは、江戸期の貞享二（一六八五）年に施行された貞享暦（じょうきょうれき）まで待たねばならなかったのである。

江戸時代への道

国の大切な柱の一つとして朝廷の庇護の下にあった暦や天文であるから、陰陽寮の制度が確立してしばらくの間は優秀な人材が採用されていた。しかし発展期は長くは続かない。というのも、一〇世紀に陰陽頭を務めていた賀茂保憲は暦道を息子の光栄に、天文道を弟子の安倍晴明に伝えて以降、賀茂家（のちに幸徳井家と名乗る）が暦道を、安倍家（のちに土御門家と名乗る）が天文道を世襲するようになるが、しばらくすると学問をさらに発展させる人物が登場せず、長い停滞期に入ってしまったのだ。その状況は江戸時代に入ってからも続き、特に暦については、貞観四（八六二）年に宣明暦法が採用された後は、実際の天体現象と誤差が生じても改暦が行われず、結果として宣明暦が八〇〇年以上も使い続けられることになる。

一方、戦国時代にはまったく異なった天文学が輸入された。ポルトガルから来たイエズス会の宣教師たちが、布教活動の一環として天動説や地球球体説をはじめとしたヨーロッパの天文学を伝え、セミナリヨで教授したのである。これは南蛮天文学と呼ばれるもので、織田信長が宣教師から地球が球体であることを教えられ、地球儀を献上されたという有名なエピソードはその流れの一つと言えよう。しかしながら、江戸期に入ってキリスト教が禁止されるとともに南蛮天文学も衰退し、大きな流れにはならなかった。

やがて、江戸時代に入ってしばらくすると、長らく続いてきた天文学の流れに変化が現れる。まず、平和な時代が訪れたのに伴って人々が学問に興味を持つ中で、暦作りについて探求するいわゆるアマチュア研究者が登場した。その一人が渋川春海（しぶかわはるみ）という人物で、彼は幕府の力を借りて自ら作成した貞享暦への改暦に成功し、日本で初めて国産の暦法が使われるようになった。この改暦に伴って幕府に「天文方」という専門職が置かれるようになると、毎年の暦を編纂（へんさん）する業務の一部が天文方に移され、陰陽寮による暦発行の独占体制が崩れた。また、中国やオランダから入ってきた新しい天文知識が次第に流布し、伝統的な暦作りや天文占といった中国天文学の枠にとらわれず、広い視野を持って宇宙を見る人々も登場し、学問が徐々に近代化していったのである。

では、二六〇年余り続く江戸時代の間に、星や宇宙に対する見方はどう変化したのだろうか、そして天文学者たちはどのような研究を行い、どんな知識を獲得していったのであろうか。いよいよ江戸時代に活躍した幾人かの天文学者にスポットを当てながら、緩やかに変化、発達していく江戸期の天文学の流れを見ていくことにしよう。

第一章

中国天文学からの出発——渋川春海の大仕事

1　八〇〇年ぶりの改暦――渋川春海と貞享改暦

日本人が暦を作る時代の幕開け

前述したように、日本の暦は中国の暦法を輸入して使うことによって始まる。九世紀までは中国で新しく作られた暦法への改暦がたびたび行われて、精度の向上も図られてきた。しかし貞観四（八六二）年に宣明暦を施行して以降は改暦が行われないまま、江戸時代を迎えた。権力の象徴と位置づけられているはずの暦が整備されなかったのはなぜか。理由はいくつか考えられる。当時の日本人が独力で暦法を作り上げるほどの科学力を持っていなかったこと、遣唐使（けんとうし）の廃止以降中国との交流が衰退し新しい暦法が輸入されなかったこと、政治的に不安定な時代が続いたために為政者が暦に興味を持たなかったことなどが挙げられよう。

やがて江戸時代になって世の中が安定してくると、幕府の中でも暦の問題に注目する余裕が生まれてきた。また、暦作りに携わる立場にはない一般の人々の中にも暦に関心を持つ者が出てくるようになる。そんな中で「貞享暦（じょうきょうれき）」が施行された。なんと約八〇〇年ぶりとなる改暦だった。

中国で元代に使われていた授時暦（じゅじれき）に独自の改良を加え、日本の天象にうまく合うように工夫している点が貞享暦の特徴だ。それまで千年以上もの間、中国の暦法を輸入してそのまま用いていたのだが、ここで始めて国産の暦法を作り、採用する時代が幕を開けたのである。この暦法を編纂した人物こそが渋川春海で、もとは幕府の碁方（ごかた）を務めるアマチュア研究者であった。

写真1　渋川春海肖像

渋川春海は純粋に暦作りの研究だけでなく、伝統的な天文学のもう一つの柱であった天文占の研究や、星座の研究もしている。さらに、当時まだ珍しかった望遠鏡を使った天体観測や、西洋天文学の知識も活用するなど、活動の幅は広い。

本章では、長年停滞していた日本の天文学を活気づけた渋川春海の業績を中心に、江戸時代前期の天文学の様子を見ていこう。

碁打ちの天文学者・渋川春海

渋川春海は寛永一六（一六三九）年閏一一月三日、将軍の御前で囲碁を披露する碁方である安井算哲の子として京都で生まれた。幼名は六蔵、のちに助左衛門。新蘆と号し（雅名を名乗り）、字（成年男子がつける別名）は順正、諱（本名）は都翁である。はじめ、父の名を受け継いで二世安井算哲を名乗ったが、後に姓を保井、名を春海と改め、さらに幕府天文方就任後の元禄一五（一七〇二）年には姓を渋川に改めている。つまり時代によって呼び名が変わっていくのだが、本書では晩年に用いた渋川春海を用いることにする。

　春海は安井家の長男であるが、父の算哲に長らく実子がなかったので、春海が生まれる前に門下の算知を養子に迎えていた。そのため、春海が一四歳の時に父が没した際に家督を継いだのは算知であったが、春海は自ら二世安井算哲を名乗った。そして幕府に碁で仕え、毎年秋から冬の季節は江戸で碁を打ち、春と夏は京都に戻って過ごす生活を送るようになった。そして二一歳の時には将軍の前で碁を打つ御城碁にも出るなど、キャリアを積んでいる。

また、春海は幼いころから学問を好み、松田順承、岡野井玄貞から天文暦学を、山崎闇斎から神道と朱子学を、土御門泰福から神道や天文を学ぶなど、幅広く学問を吸収している。毎年春夏に京都へ戻った時には「師を尋ね、友と会し、経書を講じ、義理を論じ、少しも怠ることなし」（『春海先生実記』）というほど学問に打ち込んだ日々

写真２　渾天儀。仙台藩のもので、安永５年（1776）の銘がある

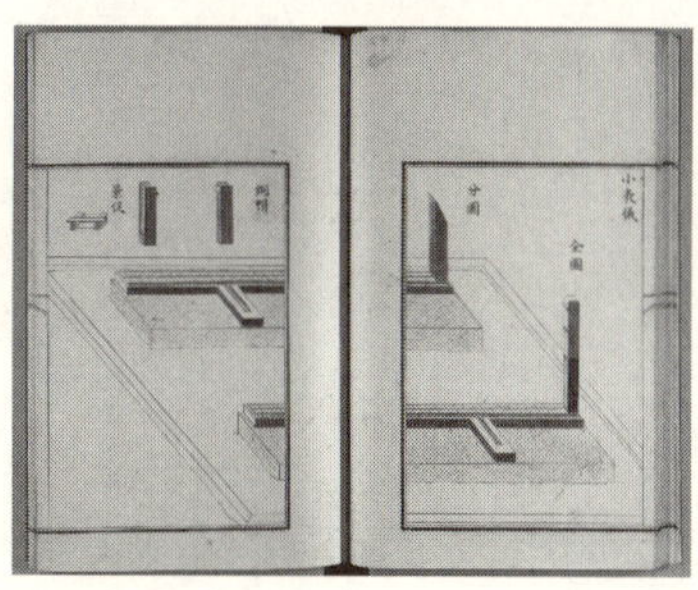

写真３　表（ノーモン）の図。『寛政暦書』より

を送っていたという。天文学についても、新しく製作した渾天儀（写真2）や表（ノーモン、写真3）を用いて天体の運行を観測し、実際の天象に合うような暦を追究している。碁打ちという仕事柄、朝廷や幕府の要人とも交流を持っていた春海の優秀さは次第に多くの人の知るところとなり、会津藩主保科正之や、水戸藩主徳川光圀らの支持を得るようになる。

貞享改暦への道

さて、渋川春海の時代に使われていた宣明暦は、貞観四（八六二）年の施行から既に八〇〇年ほど経ち、暦に記載された冬至の日付が実際の冬至より二日も遅れるなど、ずれが大きくなってきた。さらに、暦に記載している日月食の予報がはずれると、多くの人が注目し話題にするようになる。この問題を解消するには、宣明暦に代わる正確な暦計算法への改暦を行わねばならないが、改暦は国家事業であるから簡単にできるものではない。では、春海は、どのようにして事業を成し遂げたのだろうか。その過程は、彼の高弟である谷秦山が著した『秦山集』から知ることができる。

土佐藩士であった谷秦山は山崎闇斎に師事して神道や儒学を学び、同門の渋川春海からも暦学、天文、神道を学んでいる。春海からの学習の基本は手紙のやりとりによるもので、いわば通信教育であった。加えて江戸に出た際には春海に面会し、直接教えを受けている。そういった交流の中で春海から聞いたことや学んだことが『秦山集』に多く書き留められているのである。では、その中にある記述を中心に、貞享改暦への道のりを見てみよう。

　まず登場するのは会津藩主の保科正之である。保科は暦に関して強い興味を持っていて、長年使われ続けている宣明暦に不備があることを気にしていた。そこである時、宣明暦に代えて中国の元朝で使用されていた授時暦を使うべきであると考え、配下の安藤有益（市兵衛）と島田貞継（覚右衛門）に授時暦研究を行うように命令し、山崎闇斎と渋川春海にその監督役を依頼した。しかし研究はスムースにはいかず、計算がなかなか合わない。そうこうするうちに島田貞継は病気と称して休むようになるなど困難を極めたが、最後は春海が解決法を見出して一定の成果が得られたのである。

　そして寛文一二年一二月一五日（一六七三年二月一日）、さっそくその正確さをチェックする機会に恵まれた。この日、宣明暦で計算した現行の暦には月が三分欠ける月食が起こるという予報が記載されていたが、春海らが授時暦で計算してみると月食は起こらないという結論になっていたのである。そして当日、月の様子を観測すると果たして月食は起こらず、見事に授時暦の予報が的中したのであった。

しかしこの時、保科正之は臨終の床についていた。そして老中の稲葉正則に「近年のうちに、公武に奏記して暦法を改革し、その際は算哲（渋川春海）に命じて、その業務を掌らせよ」と遺言を伝えたあと、一二月一八日に亡くなった。享年六三であった。

保科の遺言を受けた稲葉正則は、さっそく大老である酒井忠清と合議して改暦を実現すべく行動を開始した。翌寛文一三（一六七三）年六月、渋川春海が幕府に対して、授時暦に基づいて改暦を行うよう上表した。この時、将来三年間に起こる六回の日月食について、それぞれ宣明暦法、授時暦法、そして明で使われていた大統暦法で計算した時刻と欠け具合の予報値を併記したリストも提出し、どの暦法が正確か誰の眼から見ても客観的に判断できるようにしている。

かくして時とともに食が起こっていき、最初の五件は授時暦が的中し、春海の思惑通り順調に推移した。そしてついに、最後のチェックポイントとなる延宝三（一六七五）年五月一日の日食を残すのみとなった。この時は、宣明暦の予報では太陽が二分半欠ける部分日食が起こるという結論だが、一方の春海らが推す授時暦では太陽は欠けず日食は起こらないという計算結果となっていた。そして当日、太陽を見ていると、授時暦の予報に反して日食が起こったのである。このわずか一回の予報失敗を見た酒井忠清は、「算哲の言は、合うものもあり、合わないものもある」という言葉を残し、改暦の議は頓挫してしまった。

日本の天象に合った「大和暦」

幕府の段階で話が立ち消えになってしまうと、当然ながら暦を司る朝廷への改暦建議は不可能である。しかし、春海はあきらめず、正確な予報ができなかった原因をつきとめる研究を継続した。その中で、授時暦は中国での天文現象に合うように作られたものであるから、日本でそのまま使えばうまく天象に合わないことに気づいた。そして、授時暦の基準である中国と日本との間には経度差（当時は里差と呼んだ）がある点、さらに冬至点と地球の近日点との位置が六度ずれている点などが合わない原因となっていることを突き止め、授時暦にそれらの要因を加味して改良を加えた独自の「大和暦」を完成させたのである。

大和暦は、過去の記録に記された日月食ともよく合い、日本での天象を正確に表すことができる暦法として、春海が自信を持って世に送り出したものである。彼はのちにこの時の経験を振り返り、「その後、何年もかけて日月食を研究し、古い観測記録を調査して、ついに貞享暦の功をなした。もしあの時、雅楽頭殿（酒井忠清）が先を見越した深い考えをされなかったら、宣明暦の二の舞になっていただろう」と述べて、結果を謙虚に受け止め、冷静に失敗の原因を突き止める努力をしたことが功を奏したと自ら分析している。そしてこの大和暦で改暦を行うよう、再び幕府へ上表した。時に天和三（一六八三）年一一月六日。改暦の議が頓挫してから既に八年の歳月が流れていた。

まさかの不採用から改暦へ

春海にとってのチャンスはすぐに訪れた。改暦を上表した直後の一一月一六日には、頒暦では月食が起こると記載されていた。しかしその夜、実際には月食は起こらず、予報がはずれたことから、京都の朝廷内でも俄然改暦の議が起こったのである。改暦の勅を奉じた陰陽頭の土御門泰福は、江戸で改暦の上表を行った直後の春海を急遽京都に呼び寄せた。通常なら前回と同じようにまず幕府内で暦法の精粗のチェックを受ける手順を踏むところであっただろうが、話は一気に朝廷での表舞台まで進んだのである。泰福からの連絡を受け取った春海はすぐに暇を請い、一二月一六日に江戸を発ち京都へ急いだ。そして一二月二七日、京都に到着するとすぐさま土御門泰福と改暦について議論し、共同で観測を行い、大和暦による改暦を朝廷に上奏したのであった。

これを受けて、いよいよ朝廷では改暦についての審議に入った。しかし、この時に大勢を占めたのは、中国の暦を使うべきであるという意見であり、翌貞享元（一六八四）年三月三日、最終的に下された勅は、明朝で使われていた大統暦に改暦するというものであった。

自らの意に添わず、大和暦法が不採用になったことを聞いた春海は、驚愕のあまり江戸へ帰ろうとするが、それを許さずに京都に引き留めたのは、共に改暦に力を注いだ土御門泰福であった。そして泰福は、春海の思いを実現させようと、朝廷と幕府の橋渡し役である武家伝奏を務める花山院定誠（かざんいんさだのぶ）とともに、関白の一条兼輝（いちじょうかねてる）（冬経（ふゆつね））に改暦への熱意を伝えた。それを聞いた兼輝は、「暦法を急に改めることは過去にも多くあった。大統暦が良い暦法ではなく、新暦を用いなければいけないのであれば、どう

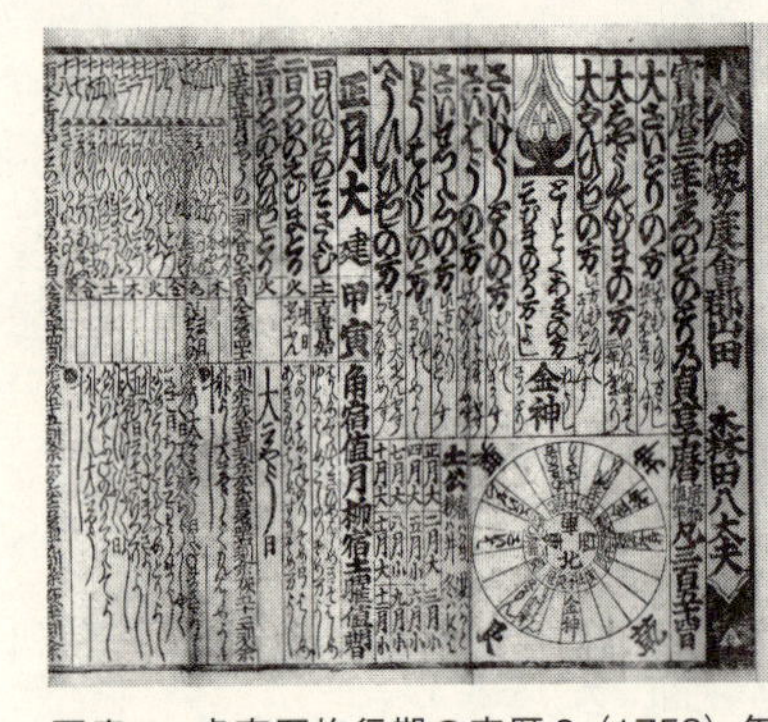

写真4　貞享暦施行期の宝暦3（1753）年版伊勢暦。二行目に貞享暦の文字が見える

して再び詔（みことのり）を改めることを憚（はばか）るのか」と回答し、門戸はまだ閉ざされていないことを示した。

　これを聞いた泰福と春海は、土御門家の天文台で天体観測を行い、大和暦が実際の天象と一致する正確さを持っていることを改めて確認した上で天皇に改暦を上奏した結果、ついに一〇月二九日、大和暦での改暦が宣下された。そして大和暦は「貞享暦」と名を賜（たま）い、貞享二（一六八五）年から施行され、八〇〇年ぶりの改暦が実現したのである。

数々の協力者たち

　このように、十数年にわたる改暦までの道のりは困難なものであったが、成功することができた要因には、何よりも渋川春海が天体観測や暦法研究を行って授時暦を日本の天象に合うように改良できたという、専門家としての優れた点が挙げられる。しかし春海個人の力だけでは改暦という大きな国家プロジェクトを動かして成功させることはできない。表舞台の主役であった春海のバックには保科正之や水戸光圀といった幕府の有力者、また陰陽頭である土御門泰福の援助があった。

その中心にいたは保科正之である。学問に精通した正之の周囲にはサロンが形成されたが、その中には山崎闇斎や土御門泰福、そして渋川春海もいた。正之らは神道と朱子学に傾倒し、儒学の思想を加えた神道を論じたが、その流れで春海が日本に合った暦や天文占を作り上げることも自然なことであった。また、春海と泰福はこのサロンの中で知己を得て、春海は泰福から神道と天文を学ぶ仲となった。改暦が行われる三年前の泰福の日記には、二人がお互いの家を頻繁に行き来しながら暦や天文の共同研究をしたり漢詩を作ったりしている様子が書き留められており、二人の間に強い信頼関係が築かれていたことが想像できる。

貞享改暦は、保科正之ら志を同じくするグループのメンバーによる連携プレーで実現したとも言える事業であったのだ。

幕府天文方に就任

貞享改暦の宣下から一か月あまり経った貞享元年一二月一日（一六八五年一月五日）、改暦を成功させた渋川春海は、幕府に新設された天文方というポストに任命され、毎年発行する暦の計算と編集、発行の管理業務にあたることになった。

実はこの時、日本の暦の発行に関する制度も変更された。古来、毎年の暦の作成と発行業務は陰陽寮が担当し続けてきたが、天文方創設を機に、暦の天文学的な計算部分については幕府が行い、暦註（れきちゅう）（占い記事）部分の作成は陰陽寮が担当するという分担作業となったのである。加えて、全国にある暦の版元への原稿渡しや作られた版木のチェックなど、毎年の暦の編集、発行業務も幕府に移され、これらを天文方が担当することになった。つまり、貞享改暦は、朝廷による編暦の独占が崩れるという、大きな制度変化ももたらしたのだ。

天文方はいわば陰陽寮と同様の役割を担った幕府内の役職であり、非常に高度な知識を要した専門職であった。幕末までの間には渋川家に加えてその時々の必要に応じてふさわしい人物が任命され、猪飼（いがい）家、西川家、山路家、吉田家、奥村家、高橋家、足立家と合わせて全部で八家が務めた。基本は世襲であったが、任命され続けたのは渋川家だけで、他は子孫が天文方に任命されずに他の役職に回された例や、罪により絶家になった例もある。結局のところ幕府が崩壊した時点で天文方を務めていたのは、渋川家と山路家、足立家の三家であった。

2　渋川春海は星占い師？――天文占と星座研究

天文占と将軍綱吉

さて、渋川春海は貞享改暦を成功させたという業績があまりにも有名であるため、暦学つまり暦作りの専門家というイメージがあるが、決してそうではない。彼の活動をつぶさに見ていくと、古代から続く伝統的な天文学全体、つまり暦学と天文占の両方を研究していた姿が浮かび上がってくる。ではこれから、あまりクローズアップされることのない渋川春海の天文占に関する活動を見ていくことにしよう。

幕府天文方としての春海が、実際に将軍に対して天文占を行っていた様子を伝える記録は複数伝わっている。一例を挙げると、『徳川実紀』の元禄八年の項に以下のような記事が見られる。

> 十月四日、先月廿五日の暁白気巽方におこり、長五六間のよし。天文方より注進するにより、護持院大僧正隆光に祈禱の法を行はしめらる。

つまり、元禄八（一六九五）年九月二五日の暁、巽（南東）の方角に「白気」（この時は彗星であった）が出現し、長さが五、六間ほどに見えた。これを受けて天文方の渋川春海が幕府に祈禱を行うように注進したので、時の将軍徳川綱吉は将軍家の祈禱寺である護持院の大僧正隆光に祈禱を命じたのである。この時の出来事については、『隆光僧正日記』にも、

> 十月四日上意ニ、九月廿五日之明七つ以後、辰巳ノ方ニ白気出。長サ五六間程之由。保井助左衛門書付出之。今朝出候由、善悪如何。祈禱可仕之旨也。即日、則

御祈禱開白之。

とあり、祈禱の命を受けた当日に即日祈禱したと記されている。

ところで、ここに登場する隆光は、生類憐れみの令を進言したという説もあるくらいに将軍綱吉の厚い信頼を受けたことで知られた人物である。彼が記した『隆光僧正日記』には、前記以外にも春海の天文密奏を受けた将軍が、隆光に祈禱を命じていることを記した記事が複数見られることから、綱吉が日ごろから天変を気にかけ、春海の天文占を重要視していたことがうかがえる。

ただし、現在伝わっている資料では、春海が天文占を行ったのは惑星が星座の中を行き来する現象や彗星の出現などに限られ、日食と月食に対する天文占は見られない。これは恐らく偶然ではなく、意図的なものではないかと考えられる。というのも、渋川春海にとって日月食は自らが作った貞享暦法によりあらかじめ予報することができる現象であり、予報時刻と実際に起こった時刻がずれた場合は原因を科学的に追究する立場にあったからだ。そのような現象に対して春海自身は天文占を行わなかったのではなかろうか。

しかしながら、為政者である徳川綱吉にとっては、この世を照らす太陽が月によって隠される日食は忌むべき現象であり、加えて暦で予報した時刻が外れることは為政者の政治が悪いからであるという伝統的な考えもあることから、春海からの密奏はなくとも日食予報があると事前に隆光に祈禱を命じていた。例えば、宝永元（一七〇四）年一一月一日に起こった日食では、日食が起こる少し前から雲が出て時々雨が降る天気となり、欠けた太陽の姿は時々にしか見えなかった。これを見て綱吉は大いに喜び、「これ護持院大僧正祈禱丹精をぬきんづるがいたる」（『徳川実紀』）として感心したという。

一方、この時の春海の様子は伝わっていないが、後世にまとめられた天文方の記録には、時々姿を見せる太陽の欠け具合を示す観測データが記されていることから、冷静に日食を観測していたであろう姿が想像できる。

中国星座の体系

渋川春海と天文占の関係をもう少し探ってみると、幕府天文方に就任する以前から熱心に研究をしていたことが知られる。しかも、その様子は、彼が長年続けてきた星座研究の中に見られる。というのも、中国天文学において星座と天文占とは切っても切れない深い関係にあったからである。

江戸時代の日本で使われていた星座は、現在使われている西洋起源の八八星座ではなく、中国で作られた星座である。中国星座は、今から二千年以上前の古代中国で作られた星座体系で、三世紀になって陳卓という人がそれまで知られていた石申・甘徳・巫咸という三人が作った星座を整理して二八三星座、一四六四星の星図を作った。これにより中国星座の体系は完成し、それ以降は若干数の前後はあるものの、基本的にこのスタイルが守られた。

これら中国星座は大きく二つのグループに分類することができる。第一のグループは月の通り道付近に作られた二八の星座「二十八宿」である。二十八宿が分布する近くには、太陽、月、惑星の通り道があることから天文学や星占いで重要な役割を持っている。

そして第二のグループは古代中国の天の思想を反映して作られた二五〇あまりの星座である。これは、天上には天帝を中心とした社会が広がっているという考えによって作られており、北極星を天帝とし、その周囲に王族、官僚、軍隊、庶民……、といった星座が配置されている。こちらのグループの星座たちにも、それぞれに天文占での意味が付加されており、例えば王宮を司る星座で不吉な天体現象が起これば、それは地上の王宮で悪い出来事が起こる前兆だというふうに考える。

　したがって、天文学者にとって星座を構成する恒星たちが天球上のどこに位置しているかを正しく知ることは、暦作りに必要な太陽と月の運動を知るために不可欠であるのと同時に、天文占にも欠かすことができないものであり、渋川春海の研究対象でもあったのだ。

『天文分野之図』に込められた意味

　渋川春海が星座研究を始めたのは、少なくとも天文方に就任する一五年以上も前のことで、その成果として恒星の天球上の位置を図に示した「星図」と呼ばれるものを二枚刊行している。寛文一〇（一六七〇）年刊行の『天象列次之図』と、延宝五（一六七七）年刊行の『天文分野之図』（写真5）である。

　このうち大きな特徴を持っているのが『天文分野之図』である。これを見ると、まず最上部に「天文分野之図」と大きく書かれたタイトルがあり、その下には中国星座が描かれた大きな円形の星図がある。この円の外周部分に注目すると「伊勢」「伊賀」「駿河」などの日本の旧国名や地域名が書かれていることに気づく（写真5下）。天上を描いた星図と日本の地名という無関係のものが書き加えられていることは一見すると不自然に思えるが、実はこの地名こそが『天文分野之図』最大の特徴である。

実は、これらの地名は「分野」という古代中国で作られた天文占の考えに基づいて記入されている。「分野」では、天の領域をいくつかに分割し、それぞれの領域を地上の各地域に配当して占う。もし天のある領域で流れ星や彗星の出現といった天体現象等が起こると、それはその領域に対応した地上の場所で何か出来事が起こる前兆だ

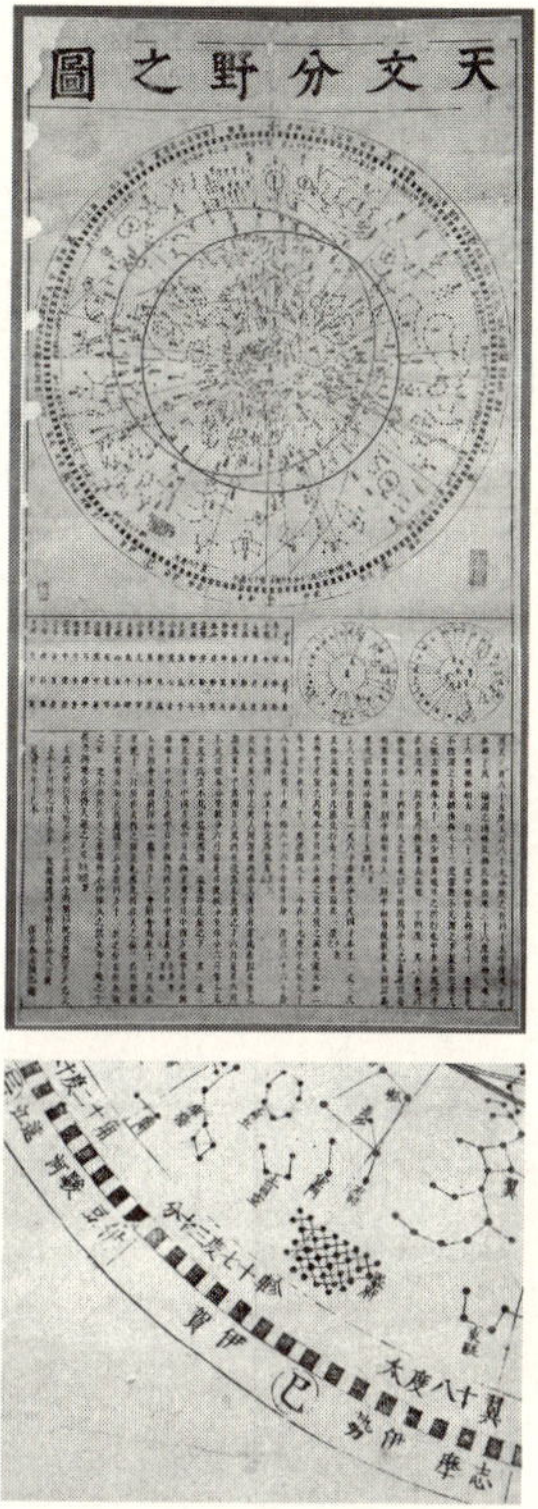

写真5　渋川春海著『天文分野之図』（延宝5年刊）／同図、大星図外周部分

とする、いわば地域指定の天文占ということができる。例えば、古くは司馬遷の『史記』天官書にも分野説の記述が見られ、二十八宿のうち角・亢・氐は兗州に、房・心は豫州に、尾・箕は幽州に、というように天と地の領域が対応づけられていた。しかし、対応づけられているのは中国内の地域だけであるから、日本でそのまま使っても役に立たない。そこで、渋川春海は「分野」の考えに基づいて日本全国を配当しようとしたのだ。

『天文分野之図』の星図をさらに詳しく見てみよう。円の外周に書かれているのは日本の地名だけではない。円の上端から反時計回りに三〇度ごとに子、丑、寅、と十二支で表された方位も書かれている（写真5下に「巳」が確認できる）。つまり、国や地域はそれぞれの方位にも対応づけられているのである。しかしながら、一見したところどのような方法で対応させたのかはわからない。実は、その解答は『天文瓊統』（一六九八年）という春海が別に著した書物の中にあるのだ。そこで『天文瓊統』に記された国や地域と十二支の関係をまとめると、表2のようになる。

十二支による方位は、子が北、卯が東、午が南、酉が西に対応するから、例えば、北には若狭があり、同様に東に甲斐、南に紀伊が、さらに西には長門というように対応できる。また春海は別途、天の北極つまり天帝付近の領域（紫微宮）を山城、大和、近江など近畿諸国に対応させている。これらを概観すると、全て帝が住む都である京都から見た各地の方角と一致していることが知られるのである。したがって、『天文分野之図』は、渋川春海が中国で作られた「分野」の概念を日本に合うように作り変えて図示したものなのだ。

表２『天文瓊統』にある日本の分野配当

方位	国名、地域名
子	丹後、若狭、越前
丑	飛騨、加賀、能登、越中後、佐渡
寅	上野、下野、出羽、陸奥
卯	美濃、信濃、武蔵、甲斐、相模、常陸、上総、下総、安房
辰	尾張、三河、遠江、駿河、伊豆
巳	伊賀、伊勢、志摩
午	和泉、紀伊
未	淡路、四国
申	九州
酉	播磨、備前中後、安芸、周防、長門、壱岐、対馬
戌	美作、伯耆、出雲、隠岐、石見
亥	丹波、但馬、因幡
紫微宮	山城、大和、河内、摂津、近江

このアイデアは、春海が日本の風土に合った暦作りをめざして貞享改暦を行ったのと同じ路線にあるものといえる。というのも、『天文分野之図』が発表された延宝五（一六七七）年は、渋川春海が授時暦による改暦を目指して一回目の改暦上表をした寛文一三（一六七三）年と、大和暦を作成して再度の上表を行った天和三（一六八

三）年との間の時期に当たる。したがってこの当時、春海は日本人にふさわしい暦や天文占を作り上げるべきだとトータルに考え、分野説の研究に取り組んだのではないだろうか。

『天文成象』と渋川星座

『天文分野之図』の刊行から二二年経った元禄一二（一六九九）年、『天文成象（てんもんせいしょう）』（写真6）という星図が刊行された。これは渋川春海の長男である昔尹（ひさただ）の著作となっているが、恒星の位置データは春海の観測に基づくもので、それを用いて昔尹が図に表したことが明記されている。

図に描かれた星座を見ていくと、伝統的な中国星座に加えて、見慣れない星座が記載されている。これが『天文成象』最大の特徴であり、後の日本の天文学にも大きな影響を与えた、渋川春海が制定した新しい星座（以下、渋川星座と呼ぶ）である。

渋川星座は、中国星座のいずれにも属さず名前もつけられていない三〇八個の恒星たちを使って作られたオリジナルの星座群で、全部で六一の星座がある（表3）。それらの名称を大きく分類すると、①日本の社会制度になぞらえた星座、②近くにある中国星座の名称にちなんだ星座、という二つの種類が見られる。

第一のタイプである日本の社会制度になぞらえた星座は、中国星座が古代中国の社会制度を反映して作られたことに対応している。星座名には、古代日本で制定された律令制の名称が多くみられる。例えば、北極星に近い領域には中務、式部、治部、民

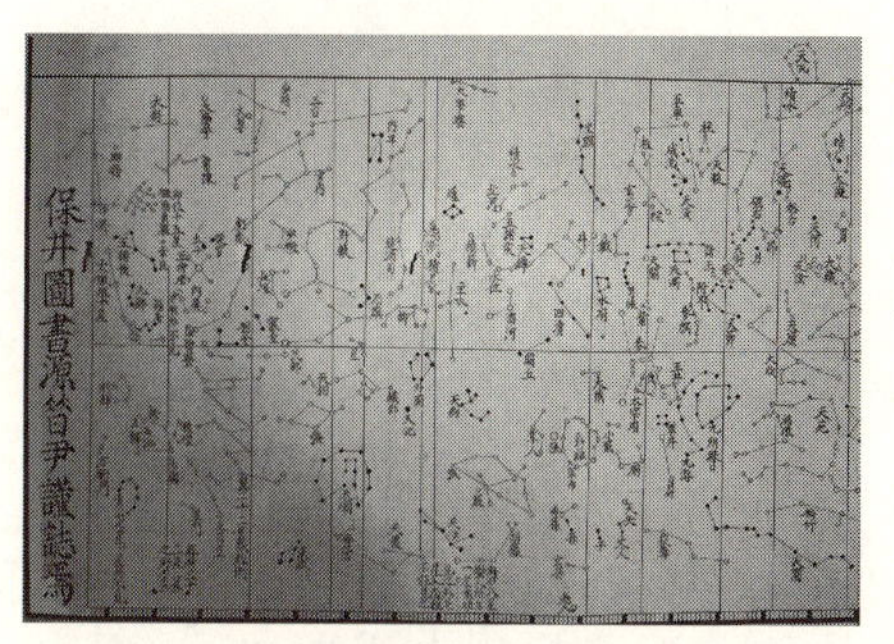

写真６『天文成象』（部分）

表３　渋川春海が制定した星座名

領域		星座名
紫微垣		東宮傅、御息所、中務、式部、治部、大膳、内膳、神祇、天帆
太微垣		大将、中将、少将、宮内、民部、刑部、陰陽寮
天市垣		兵部、宰相、市正、鎮守府、軍監
二十八宿	東方七宿	左衛門、天湖、湯母、湯座、内侍、采女、腹赤
	北方七宿	天蚕、右京、左京、諸陵、右馬、外衛、左馬
	西方七宿	主計、天俵、兵庫、主税、大蔵、大炊、松竹、鴻雁、萩薄、天轅、太宰府、大弐、少弐、玄蕃
	南方七宿	曽孫、玄孫、箙、胡籙、隼人、主水、大学寮、造酒司、織部、斎宮、雅楽、右衛門

部、兵部、刑部、大蔵、宮内という八つの省（八省）の星座が配置されているほか、「大膳」（宮中の食膳をつかさどる役所）のような役所名や、「東宮傅」（東宮の教育を担当する者）のような職名になぞらえた名称の星座もある。写真7は、現在のオリオン座とその周辺に相当する領域であるが、この中にある「太宰府」が渋川星座である。もちろん律令制により置かれた地方官庁である大宰府を指している。

第二のタイプが付近にある中国星座の名前にちなんで作られた星座たちである。写真8は、現在のりゅうこつ座付近の領域で、その中の「老人」「子」「孫」はいずれも

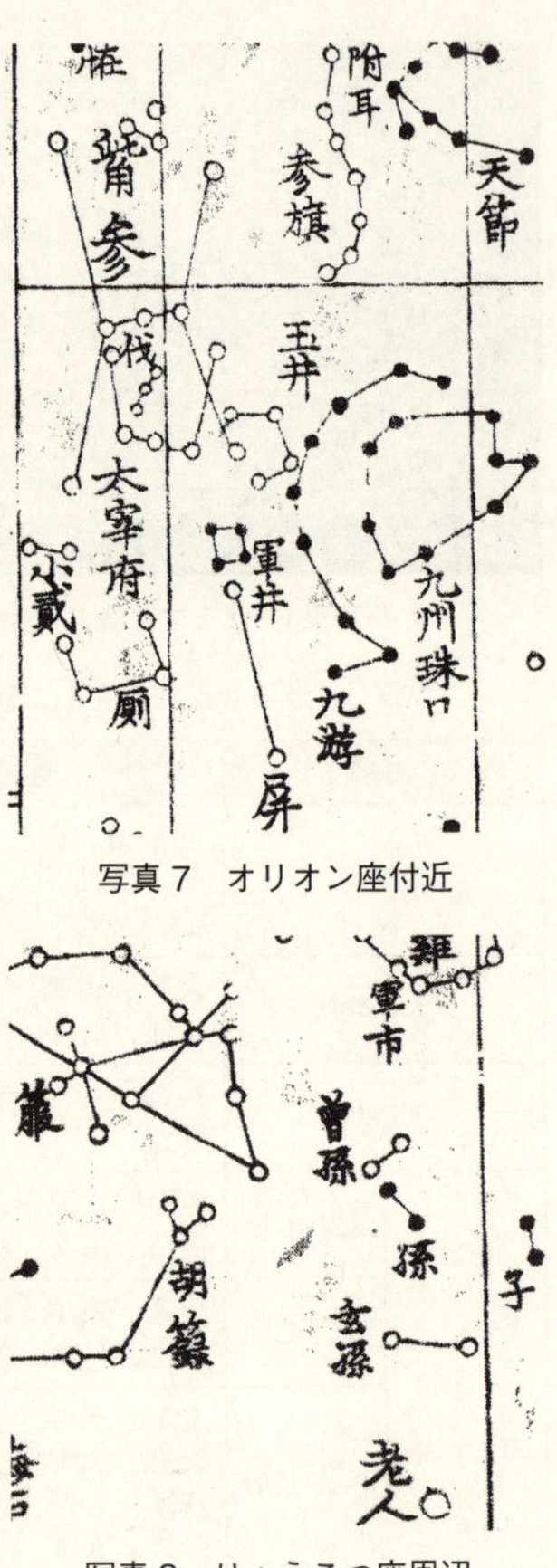

写真７　オリオン座付近

写真８　りゅうこつ座周辺

中国星座である（ちなみに「老人」はりゅうこつ座の一等星のカノープス）。そこで春海は近くに「曽孫」「玄孫」というひ孫、やしゃごの星座を作っており、これで全部で五世代という大家族が夜空で並び輝くことになったのである。

渋川春海は自ら星座を作った理由として、夜空の星々を詳しく観測すると中国星座に組み込まれておらず名前のない星が存在する点を挙げている。加えて彼は、古い文献に書かれている星座の星数と実際に見える星数が異なっていることや、望遠鏡によって肉眼で見えなかった星があることを確認し、星というのは時代によって位置や明るさが変化するものだと考え、今の時代に認めることができる恒星の位置を正確に求め、従来の中国星座に入れられていない恒星は自らが制定した星座に組み入れたという。

渋川春海にとっての天文占

さらに春海は『天文瓊統』の中において、新しい星座の星の数や、星座名の由来に加えて、天文占における意味づけも解説している。例えば、朝廷内で戸籍や租税、賦役を管轄する民部省をあらわした星座「民部」は、星が明るく見えて光に色つやがあれば諸国の百姓は心安らかに暮らし、反対に星の光がはっきり見えなければ民は困る事態となる、という具合である。従ってこれらの研究は、『天文分野之図』での分野説から始まった、日本に合った天文占を作り上げる研究の流れの中で行われたことがわかる。

しかしながら、渋川春海は天文方の業務として天文占を行っていたのにもかかわらず、公家や武士から天文密奏をせよという命令を受けた時、自らが築き上げた研究成果はまったく使っていないのである。

『秦山集』によると、春海は命令に対して「最近の天文の占書がいかなるかを知りません。天文占は詳細にして極まりがなく、当たることもあれば、当たらないこともまた毎に多くあります。安倍晴明が行った密奏はただ史記、前漢の方法を用い、それより新しい晋書以降は用いませんでした。今のごときは、近代の雑占に至るまで用いようとすれば、私の力の及ぶ所にありません。もし晴明の旧法に依って、ただ史記、漢書を用いて、大概を記して奏するのでしたら、謹んで命令をお受けします」と言上しており、その願いは聞き届けられたという。

日本の天文学の新しい流れ

このように、渋川春海は貞享改暦をはじめとした暦学上の業績ばかりが注目されがちであるが、天文占にも並々ならぬ力を注ぎ、「暦」と「天文」という古代から続く当時の天文学をトータルな面から研究していたことがわかる。さらに、それ以前の天文学者が中国から輸入した暦と天文占の体系をそのまま受け入れて研究していたのに対し、春海は日本で使うのに相応しい暦と天文占に作りかえることを目標として改良を加え、数百年もの間衰退していた我が国の天文学のレベルを高め、研究を活発化させる役割を果たした人物ということができよう。

一方、別の見方をすると、古代から続く伝統的な「暦」と「天文」というふたつの柱に忠実であることから、春海に対して保守的な研究者というイメージを抱かれたかもしれない。しかし、彼の業績をさらに深く見ると、当時起こっていた天文学の新しい流れをきちんと捉え、積極的に利用する先進的な一面が見えてくるのである。その流れとは、西洋天文学と望遠鏡の伝来であり、それらは幕末までの天文学に大きな影響を与えていくものである。それでは、渋川春海はどのような情報を手に入れ、どのような態度をとったのであろうか、見てみることにしよう。

3 西洋天文学との出会い

中国への伝来

ここで本題に入る前に、江戸幕府が開かれた前後における、中国天文学上の大きな変化を紹介しておこう。それは、西洋天文学の流入である。

明朝末期の一六世紀後半、イエズス会の宣教師が中国での布教を行うべく中国南部に入った。布教にあたって、彼らは一方的にキリスト教義やヨーロッパの考え方を押しつけるのではなく、まずは中国の文化や言語を学び、尊重した上で布教を行うという適応政策を取った。併(あわ)せて、西洋の新しい科学知識も積極的に伝えて現地の人々の信用を得て、それを足掛かりに布教を行ったのである。そして、この手法で徐々に勢力を広げていき、ついに一六〇一年に宣教師マテオ・リッチ（利瑪竇）が北京に入って明王朝の支持を得ることに成功している。

これを機にイエズス会は科学に詳しい宣教師たちを中国に送り込んで西洋科学を伝え、中国語で書かれた書物も編纂された。その後、一六二〇年代に王朝内で暦法を改める動きが出ると、宣教師が中心となって『崇禎暦書』という全一三五巻もの天文書が編纂され、その成果に基づいた改暦が計画されたものの、実施を待たずに明朝は滅びてしまった。

しかし、西洋天文学を導入する方針は清王朝にも受け継がれた。宣教師アダム・シャール（湯若望）が王朝の天文官のトップ（欽天監監正）に任命され、西洋天文学の理論を用いた暦法「時憲暦」への改暦が実現し、その結果中国天文学の中に西洋の知識が深く入り込んだ。つまり、暦自体は旧来の太陰太陽暦のままであるが、暦計算のための天体の運動理論は、それまで中国独自で構築してきたものに代わり、西洋で使われていた理論が使われるという大きな変革が行われたのである。

この変化に伴い、清朝では先の『崇禎暦書』を再編した『西洋新法暦書』（一六四五年）、『暦象考成』（一七二三年）、『暦象考成後編』（一七四二年）をはじめとした、いわゆる「イエズス会士系天文書」と呼ばれる西洋天文学を紹介する天文書が宣教師の主導のもとで編纂されることになる。

日本での状況

一方、隣に位置する日本にも同じように宣教師が上陸していた。しかも、イエズス会の宣教師フランシスコ・ザビエルがはじめて鹿児島にやってきたのは、彼らが中国に上陸するより三〇年も早い一五四九年のことである。実は先述した適応政策も日本での経験から導き出された手法であった。布教を行う中でザビエルは、日本人が非常に好奇心旺盛で理性的であり、地球の形や大きさや宇宙の姿など、いろいろな事柄に興味を持って質問して、それらに答えると非常に満足することに気づいた。そこで、天文学や科学の知識の伝授を布教の重要な手段としたのである。

その後、ザビエルは日本で布教するうち、中国文化が日本に大きな影響を与えていることに気づき、中国で布教する必要性を感じて日本を離れ中国を目指したが、広東省の上川島で道半ばにして病死している。それでも、ザビエルが日本で採った布教方針は、その後日本に入った宣教師たちにも受け継がれた。

また、宣教師たちが西洋天文学の伝授を行う中で、「南蛮天文書」と呼ばれる日本

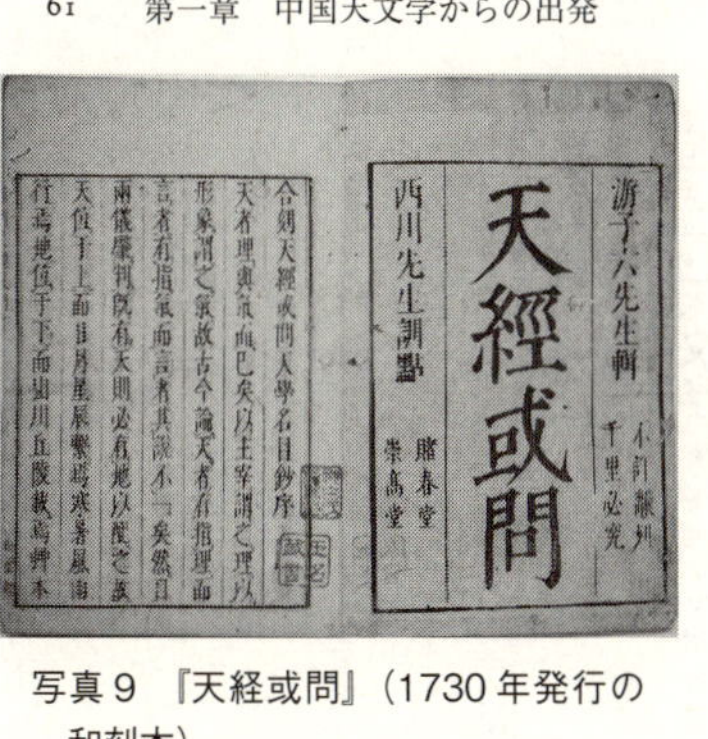

写真９『天経或問』（1730年発行の和刻本）

語の書物も編纂された。しかし、江戸時代に入って禁教令が出され、キリスト教信仰が厳しく禁止されると天文学の流入も途絶えた。さらには、中国で作られたキリスト教の教義書の流入を防ぐために、宣教師たちが中国で編纂した科学書まで禁書とされてしまった。もちろん、オランダからの情報の流入も幕府によって管理されたため、中国のように西洋の天文学知識が深く入り込むことはなかった。

『天経或問』のインパクト

したがって、渋川春海も宣教師の手になるイエズス会士系天文書は入手していない。だがそのような厳しい状況下において、キリスト教義と関係ないものとして輸入を許可された書物が『天経或問』（写真９）である。これは明末清初に活動した游子六が著した本で、中国で一六七五年に刊行された。内容は天文・地理・気象現象などを問答形式で概説したもので、その中には地球が丸いこと、天動説と各天体の運動理論、日月食など天体現象の原理をはじめとした西洋科学の知識が含まれていた。

『天経或問』は中国ではあまり影響を与えるものとはならなかったが、天文に関する情報が不足していた日本では、新しい情報を含んだ本として大きなインパクトを与えた。輸入当初は写本で広まり、のちに享保一五(一七三〇)年になって西川正休が訓点をつけたものが刊行され、幕末にいたるまで多くの人に読まれたロングセラーとなった。渋川春海も、『天経或問』を貞享改暦の前に入手しており、いち早く研究に利用している。

西洋の天文学に半信半疑だった春海

春海は『天経或問』を読み込んだうえで、その内容に関していくつかの興味深いコメントを残している。一例を挙げると、『天経或問』では宇宙の構造に関して、地球にもっとも近い天体は月で、次に水星、金星、太陽、火星、木星、土星の順で巡り、その外側で恒星が巡っている(ただし水星と金星は太陽の周りを巡る)としている。伝統的な中国天文学では宇宙がどのような構造をしているかについて論じることはほとんどなかったため、春海はこれを見て「極めて詳なり。奇説と謂うべし」として、その詳細さに感心し興味を持っている。

ただ、金星が月より遠い所にあるという点については自身の体験を交えながら疑問を呈している。その根拠として、八世紀末に編纂された『続日本紀』中にある「太白（金星のこと）月に入り、星光あり」という天平八（七三六）年一〇月二七日の記事と、春海自身が貞享三（一六八六）年四月に同様の現象を見たという体験を挙げ、金星は月よりも近くに来ることもあると述べている。その上で、金星は時によって月よりも遠くなったり近くなったりするとして、「游氏の説は恐らく密ならず」と述べ、『天経或問』の説は不十分であるという見解を示している。

また春海は、『天経或問』に書かれた暦学関連の記述についてもコメントを残している。例えば、日月食が起こる原理を詳しく説明しているが、現象を予報する計算法は十分に説明されていない点を指摘し、「西洋人は食の計算術に詳しくないのではないだろうか」と述べている。つまり西洋人は理屈だけは詳しいが、具体的な計算法には疎いと推測しているのである。

さらに春海が、暦学研究者の眼から見た印象として「游氏の説く暦法は怪異の説が多い。これは蛮人の遺毒であろうか」という過激な意見まで示しているのは興味深い。この点については、『天経或問』は一般向けの解説書であって研究者が読む専門書ではないから、暦学の専門家が関心を寄せている太陽や月の運動や日月食などの現象を精密に計算する方法を詳細に掲載していなくて当然なのであるが、恐らく春海はそのことに気づかず、西洋天文学全体に対するイメージにまで増幅したのであろう。

ここまで見ると、春海は西洋天文学に良いイメージを持っていないかのようにも見える。しかし、実際は貞享暦を作る際に、地球の近日点と冬至点との間に六度の差があることを『天経或問』で知り、また中国と日本との里差の値はマテオ・リッチの世界地図から得て、ともに暦法に取り入れている。貞享暦を単なる授時暦のコピーから脱却させることに成功した要因の一つには、西洋天文学の知識の採用があったのだ。

この時代は禁書令の影響もあり、西洋天文学の概念や成果を知ることができる書物や情報はほとんどない状態であった。その状況下で渋川春海がリッチの世界地図を利用できたのは、保科正之ら幕閣と交流していたことも無縁ではなかろう。そして、知り得た数少ない西洋の新説に対して強い関心を寄せ、参考になる知識は取り入れ、また納得できない理論には疑いの眼差しをむけながらも真剣に取り組んでいた。

望遠鏡の伝来

渋川春海が関心を持って接したもう一つの新しい物、それは望遠鏡である。何枚かのレンズを組み合わせることによって、遠くにあるものを拡大して見ることができる望遠鏡は、科学上の大発明の一つであり、天文学にも大きな影響を与えた。

一六〇八年、オランダの眼鏡師リッペルハイが望遠鏡を発明すると、そのニュースは瞬く間にヨーロッパ中に広がった。

それを聞いたイタリアの天文学者ガリレオ・ガリレイが、さっそく自分で作成した望遠鏡を使って天体観測を行ったのは、翌一六〇九年のことである。ガリレオが望遠鏡のレンズを通して見た星空の様子は、驚くべきものであった。天の川がたくさんの星の集まりであること、木星に衛星があること、金星が満ち欠けをすることなど、いままで誰も見たことのなかった、想像もしなかった宇宙の姿が目の前に広がっていたのである。彼の発見は著書『星界の報告』などを通じて伝えられ、その結果多くの人が望遠鏡で宇宙を探るようになり、ヨーロッパ中の天文学のみならず、当時の自然観にも大きな変革がもたらされた。そして、望遠鏡は現在に至るまで宇宙の探求になくてはならない道具として使い続けられている。

望遠鏡が日本に伝えられたのは、発明からわずか五年後の一六一三年のことで、イギリスの使者が徳川家康に「遠目金」つまり望遠鏡一本を献上している。その後も複数の望遠鏡が輸入される中で、天体観測に使用した天文学者は、筆者の管見に入る限り渋川春海が最初である。彼の著書『天文瓊統』では、春海が星座の研究を行う際に、望遠鏡を使用している様子を垣間見ることができる。

例えば、紫微宮（天の北極とその周辺の領域）の渋川星座「東宮傅」は、肉眼では星が一つしか見えないが、「遠鏡を以ってこれを見ればすなわち三星なり」として、望遠鏡では三つの星が見えると述べている。同様に、天の北極に近い場所にある中国星座「太子」の傍らには、肉眼で見える限界に近い明るさの星が一つあって、人の目には「星、或いは見え、或いは見えず」、つまり見えたり見えなかったりしていた。そこで春海は望遠鏡を使えばはっきり見えることを確認し、この星を「御息所」という名の星座として制定したのである。

その他にも、伝統的な中国星座を形作る恒星の観測にも望遠鏡が活用された。中国星座には、五等星や六等星といった暗い星もたくさん組み込まれていたが、暗い星は夜空にたくさんあるため、どの星が該当するのか同定できない不都合が生じていた。そこで春海は、望遠鏡で観測することにより、「華蓋（かがい）」「器府（きふ）」などいくつかの星座を形作る暗い星を確定する試みを行っている。

春海、望遠鏡で天の川を見る

また春海は『天文瓊統』において、望遠鏡を通して夜空を見ると、肉眼で見えない星がたくさんあること、銀河（天の川）はたくさんの星からなることも述べているが、「遠鏡を以って天象を窺（うかが）えば、北辰に於いては、微小星多し。……銀河はまた細微の星の如きなり」（望遠鏡で星空を覗いてみれば、北極星付近には暗い星が多い。……天の川はまた暗い星のようである）というように、その文体は極めて淡々としている。これは、かのガリレオが『星界の報告』で、望遠鏡で天の川やプレアデス星団などがたくさんの星からなることを目の当たりにした驚きや感動をそのまま書き留めているのとは随分異なった印象を受ける。しかしながら、望遠鏡による観測成果を自らの星座研究に積極的に取り入れ、『天文瓊統』にもそのことを明記している様子から推測すると、春海も望遠鏡で今まで誰も見たこともなかった宇宙の姿を初めて目の当たりにした時は、きっと子どものように心躍らせていたのではなかろうか。

一方で、望遠鏡で天体を見るというアイデア自体は、渋川春海が独自に思いついたわけではないようだ。先に紹介した『天経或問』には、望遠鏡についての記述がある。「西極の国、近歳度数の名家ありて、望遠の鏡を造る」。つまり西極の国ヨーロッパで、最近望遠鏡が発明されたとして、望遠鏡で見た天体の姿が紹介されている。惑星では「木星を見ると傍らに四つの小さな星（ガリレオ衛星）があって、木星の周りをとても早く回っている」「土星は傍らに二つの小さな星があり、耳がついているように見える」ほかの記述がある。また恒星に関しても、肉眼では見ることができないような暗い星も見ることができるとし、昴宿（ぼうしゅく）（プレアデス星団）は肉眼では七つの星が見えるが望遠鏡だと三十七個であることなどが紹介されている。

渋川春海が『天経或問』と望遠鏡のどちらを先に入手したのかはわからないが、彼の望遠鏡の使い方は、『天経或問』の範囲は出ていない。また、木星や土星などの姿について言及していないのは、春海が入手した望遠鏡の性能が低く、詳しい姿を見分けることができなかったことによるものであろう。

いずれにせよ、春海の時代は望遠鏡で天体を観測すること自体ほとんどない状態であったから、望遠鏡の力を十分に把握した上で研究に使用していたことは、かなり先進的であった。

渋川春海時代の終焉

伝統的な天文学を発展させ、さらに新しい天文学の流れを切り開いた渋川春海であったが、晩年は決して恵まれてはいなかったようだ。『春海先生実記』によると、七三歳になった正徳元（一七一一）年には中風を患って半身が不自由となり、言葉も話しにくくなったという。そこでついに隠居を決断し、家督を長男の昔尹に譲った。ところが翌年には将来を嘱望した昔尹が病気となってしまい、正徳五（一七一五）年四月にわずか三三歳で急死してしまったのである。残された春海は深く悲しみ、さらに病は重くなり、半年後の一〇月六日、後を追うように亡くなった。享年七七であった。

昔尹には子どもがなかったため、春海は弟であった安井知哲の次男敬尹を養子に迎え、天文方渋川家は存続した。しかし、敬尹も一一年後にわずか三一歳で死去し、養子に入った敬也が跡を継いだが、天文方就任の翌年に急死してしまうなど不幸続きであった。幸い渋川家はその後も続き、代々天文方を務めたものの、春海以降は研究を推進することができない状態となり、毎年の暦の編纂業務を務めるだけで精一杯だったようである。

その一方で、渋川春海が亡くなった直後、日本の天文学に再び大きな変化が押し寄せた。それは西洋天文学の本格的な流入である。

第二章

西洋天文学の導入

——徳川吉宗・麻田剛立が開いた扉

1　西洋天文学を導入せよ——徳川吉宗の試み

徳川吉宗によるトップダウンの暦改革

渋川春海の没後、日本の天文学にまた一つの大きな流れが生まれた。それは、伝統的な暦作りの中に西洋天文学の成果を本格的に導入しようという動きである。しかも、それを推進したのは天文学者ではなく、徳川幕府第八代将軍の徳川吉宗だった。

前章で紹介したように、西洋天文学の知識は渋川春海の時代にも入ってきていた。しかし、幕府が海外からの書物の輸入を厳しく規制していたため、春海が入手できたのは『天経或問』などのわずかな書物に過ぎず、十分な情報に触れることはできなかった。そんな中、暦作りに関心を持っていた吉宗は、天文学の情報を集めていくうちに中国には西洋天文学が入ってきていることや、西洋では天文学が高度に発達していることに気づき、それらを導入するために書物の輸入を命じた。その結果もたらされたのが、イエズス会士系天文書やその影響を受けた専門書である。

さらに吉宗は、それらの知識を用いた新しい暦法を作って改暦しようと考え、自らの思いを実現する天文学者を探し求めた。つまり、トップダウンによる天文学へのテコ入れを行ったわけであるが、新しい学問が受け入れられ、さらに定着するまでにはしばらく時間が必要であった。そこで本章では、西洋天文学受容の立役者となった徳川吉宗と、彼の影響を受けた天文学者たちの様子を見てみることにしよう。

「理系将軍」吉宗の活躍

徳川吉宗は、紀州藩の第二代藩主徳川光貞の四男で、享保元（一七一六）年に徳川幕府第七代将軍家継の跡を継いで将軍に就任した。質実剛健を旨とした吉宗は、強力な指導力を発揮して享保の改革として知られる幕政改革を行ったが、その内容は経済政策や法整備だけでなく、新しい全国地図の編纂や、全国の村々の人口や石高調査の実施、全国の河川の普請体制の整備をはじめ、広い範囲におよぶものであった。加えて吉宗は、全国で疫病が流行っていたことを受けて小石川養生所で薬草を栽培させたり、青木昆陽にさつまいもの栽培を命じたりするという実学的な施策も数多く打ち出していたが、これは吉宗が地理や天文学、気象、蘭学などのいわゆる理学系・技術系分野に強い興味を持っていたことに起因しているようである。

理系のセンスを発揮している逸話も残されている。例えば、五代将軍徳川綱吉の時代に作成された日本地図（元禄日本図）の精度が低かったことを知った吉宗は、享保二（一七一七）年に地図の修正を命じた。当時の日本地図の作り方は、それぞれ国単位で作成して献上し、集まった地図を幕府が継ぎ合わせて全国図に仕上げる方法を取っていた。しかし当時は測量技術のレベルが高くなかったため、それぞれが不正確な地図を正しく継ぎ合わせることは困難であり、スタートした修正作業は思うように進まなかった。

そこで吉宗は途中から新たに数学者の建部賢弘（たけべかたひろ）を召して担当を命じたのだが、その際には「各国において国境近くから隣国の目ぼしい山などの方角を測量させれば地図のつなぎ合わせが容易にできるようになるだろう」と自ら考えた具体的なアイデアをも示したのである。この方法は実際に採用され、享保一〇（一七二五）年頃に享保日本図（きょうほうにほんず）が完成している。

また吉宗は海外にも知識や情報を求めた。享保五（一七二〇）年には禁書令の緩和政策をとり、家光や綱吉の時代に禁書とされた外国書の中でキリスト教と関係がないものについては輸入を解禁している。また青木昆陽にオランダ語の習得を命じており、民に有意義なものであれば積極的に取り入れる方針が取られた。

科学技術に興味を持ち、良いものはどんどん吸収していこうという合理的なセンスを持ち合わせた吉宗が天文学に興味を持つのも、ごく自然なように感じる。吉宗の業績をまとめた『有徳院殿御実記(ゆうとくいんどのごじつき)』によると、彼は「天文暦術は民に時を授くる要務なればとて、これにも専ら御心を用ひ」ており、正確な暦作りが為政者の業務の一つであることを強く認識していた。このことが、のちに彼を改暦へと向かわせることとなる。

『暦算全書』から西洋天文学へ

暦について関心を持った吉宗は、まずは当時施行されていた貞享暦について現状を知ることから始めた。『有徳院殿御実記』によると、ある時渋川春海の弟子であった猪飼(いがい)文次郎に「現行の貞享暦は、疎脱が多く、誤りもまた少なくないのではないか」と下問したところ、文次郎は満足に答えることができなかった。そこでこんどは数学者の建部賢弘に聞いたところ、建部は京都に住む中根元圭を推挙した。吉宗は元圭を江戸に召していろいろ質問してみると、その明白な回答は吉宗の趣意にかなうものであったので、中国からもたらされた天文暦算書『暦算全書』を翻訳するように命じたという。

しばらくすると、元圭は翻訳書を作って献上したが、その際「この書は、別にある〝全書〟の中から抄録したものなので、その書物を見なければ、本意を明弁することはできません」と申し上げた。そこで吉宗は、長崎奉行を通じてその書を輸入するように命じ、果たしてそれが届いたので元圭に見せたところ、しばらくして律襲暦(白山暦ともいう)を献上したという。

ところで、このエピソードに登場する『暦算全書』は中国の天文学者梅文鼎(一六三三〜一七二一)の著作を集めた全集で、非常に高度な専門書である。梅文鼎は伝統的な中国天文学に加えて宣教師たちが伝えた西洋天文学にも精通し、清代最高の天文学者とも評される人物であった。したがって『暦算全書』の内容を理解するには、梅文鼎の学問のベースとなっているイエズス会士系天文書を理解する必要があったのだ。吉宗は翻訳を命じる中でそのことを知り、西洋の天文学が高度に発達していることを実感したのであろう。

天体観測への熱意

吉宗は、単に専門家に研究を命じるだけではなかった。将軍に就任してわずか二年後の享保三（一七一八）年には、江戸城内の吹上御庭（ふきあげおにわ）に天文台を建設し、自ら観測を行いだしたのである。『有徳院殿御実記』によると、御庭に表（ノーモン）を立てて太陽の南中観測を始めたところ「近習（きんじゅう）の人々はさらなり、御庭者支配藪田助八長矩、其外奥坊主（そのほかおくぼうず）などもみな習練し、頒暦所（はんれきしょ）の者よりもよく測量せしとなり」という状態になったという。頒暦所つまり天文方のスタッフよりも吉宗の身の回りの世話をする人たちの方が観測に手馴れるほどであるから、吉宗の熱心さがうかがえる。

また吉宗は、さまざまな観測機器も製作させている。例えば長崎の森仁左衛門という工人に「測午表（そくごひょう）」（写真10）という機器の製作を命じているが、まずは自らのアイデアをもとにした機器の縮小モデルを製作させ、それを吉宗が自らの意図通りにできているかどうかチェックした上で実機を作らせるという力の入れようである。さらに、そこに取りつけられた望遠鏡の中に線を漢字の「井」の形に組み込み、覗いた時に照

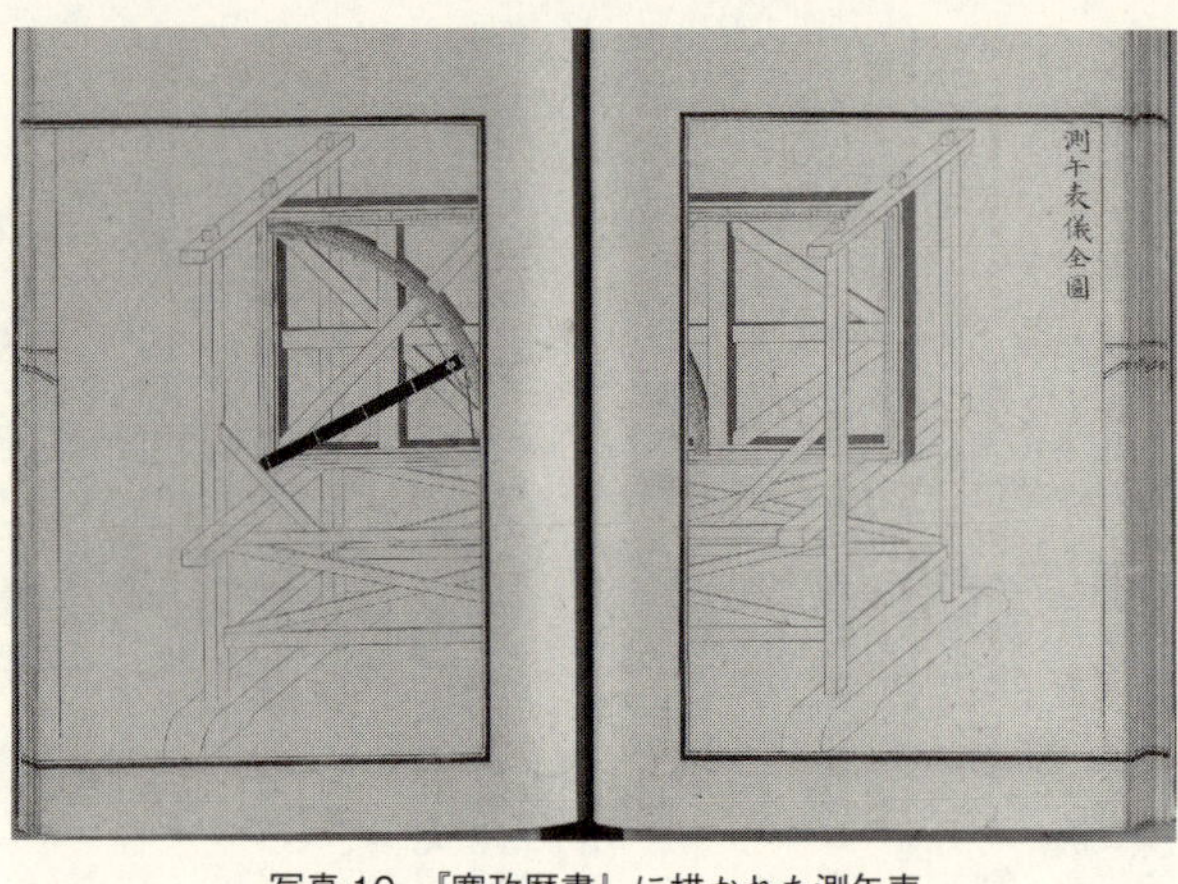

写真10 『寛政暦書』に描かれた測午表

準を合わせやすいように改良を加えさせたのも吉宗のアイデアであった。つまり、自らがどのような観測をしたいか、そのためにはどのような機器が必要なのかを理解した上で指図していたのである。

森仁左衛門は、吉宗の命で望遠鏡の製作もしており、作り上げた「大望遠鏡」は筒の長さが三メートル余りという長い物であったという。この大望遠鏡を使ったと思われる天文方の観測記録がある。寛延二（一七四九）年のもので、場所は「武江（ぶこう）の測量御用所」、また機材は「大御眼鏡」または「大遠鏡」を使って見たとあるから、神田佐久間町に設けられた天文台で、森が作った大望遠鏡を用いて観測されたものである。

そしてこの記録には、金星が満ち欠けして半月のような形をしていると記されているほか、太陽黒点の連続観測スケッチや、土星は耳がついていると記されたスケッチが添えられている（写真11）。

土星の耳とは、当時の望遠鏡の性能が低いことから環がはっきり分解して見えず、あたかも土星本体に耳がついているように見えたことからその名がついているのである。現在では、入門用に市販されている望遠鏡を使っても土星の環をしっかりと見ることができるから、この大望遠鏡の性能を推測することができる。それでも、彼らはそれまで知り得なかった天体の姿を目の当たりにしたのだから、大きな驚きであったことだろう。

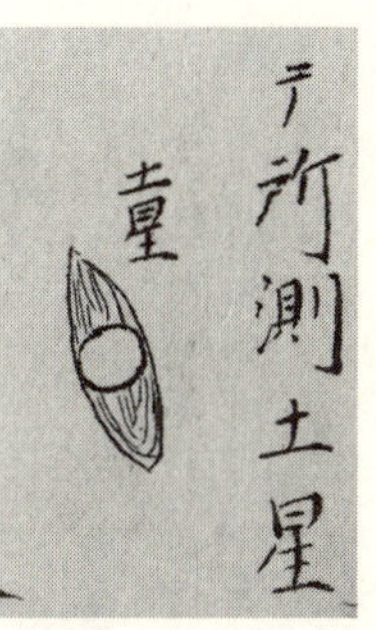

写真11　耳のついた土星のスケッチ

改暦へのスタート

暦作りのために並々ならぬ力を注いだ吉宗であったが、専門の研究者ではないから暦法にまでは通じておらず、現行の貞享暦が正しいかどうかという疑問を自ら解決することはできなかった。そこで、中根元圭に太陽観測を行わせたところ、貞享暦に大きな誤りはないとの報告を受けている。しかしながら、どうしても改暦を実現したいという思いが募っていったのであろう。いよいよ実行しようと動き出したのであるが、その時には頼りにしていた建部賢弘と中根元圭は既にこの世を去っていたため、まずは実務を担当できる有力な天文学者を探すことから始めなければならなかった。そして、候補として浮かび上がったのが、江戸で天文学を教えていた西川正休という人物であった。長崎で活動した著名な天文学者西川如見（じょけん）を父に持つ正休は、江戸に出て天文学を講じていたことが幕府の目に止まり、元文五（一七四一）年に幕臣に取り立てられて、吹上御庭にある天文台に入って天文測量を行うこととなり、改暦への準備を進めていった。

そして延享二（一七四五）年、吉宗は将軍職を家重（いえしげ）に譲り自らは大御所となったが、この頃から改暦への動きが加速する。延享三（一七四六）年、まずは神田佐久間町に新たに天文台を設け、吹上御庭にあった観測機器を移転させた。さらに天文方であった渋川則休（のりよし）に改暦に関して意向を尋ねたところ、自分は未熟であるから改暦は担当できないと返答があった。そこで今度は西川正休に尋ねたところ、渋川と共に担当したいという回答があったので、同年一〇月一四日に両名に貞享暦を補う改暦御用の命が下され、吉宗が長年望んできた改暦への準備が本格的にスタートしたのであった。翌年には西川正休は天文方に昇進し、神田佐久間町の天文台では改暦のための測量も開始した。そして準備が調った寛延二（一七四九）年一一月には、正式に改暦の命が下っている。

ところで、吉宗はもともと新しい暦に西洋天文学の成果を取り入れることを望んでいた。その意向を受けた渋川と西川がどのような暦法を作り上げようとしたのか、具体的にはよくわかっていない。しかし幕府が実際に西川らに命じたのは暦法を大きく変える「改暦」ではなく、一部を改変する「補暦」であったとされる。また幕府が改暦に向けて朝廷側と下交渉をする際も、貞享改暦時のような大きな手続きを取らず簡単に済ませる方向で考えていたようだ。とすれば、吉宗が当初思い描いていた新しい暦法のレベルには達していなかったようにも考えられる。

改暦事業の失敗

さて、正式に改暦をする際は、例によって京都の土御門家と相談した上で奏上し、天皇の勅を受ける必要がある。そこで幕府は、まず京都の武家伝奏を通じて土御門側と事前に連絡を取った上で、寛延三（一七五〇）年に渋川と西川を京都に派遣し、土御門家と改暦のための交渉を開始した。

しかし待っていた陰陽頭の土御門泰邦（つちみかどやすくに）は、貞享改暦によって朝廷側が持っていた暦発行の権限を幕府に奪われたことを不満に思っており、今回の改暦を政治的に利用しようと考えていた。そこで会談の初期の段階で、「今回の事業を幕府側は補暦と考えているようであるが、暦法をわずかでも改変したらそれは改暦であるはずなので、その旨幕府に伝えてほしい」ことや、「測量御用には費用がかかるので用意してほしい」ことなど、次々と幕府側への要求を出したのである。その後、改暦のための天体観測が始まると、泰邦は配下の暦師たちを勝手に呼び寄せるなど、自らが有利になるような行動を取っていった。西川正休は、土御門側のそういった態度に不信感を抱いて要求を聞き入れなくなり、やがてお互いの不和を招くこととなった。

両者に流れる不穏な空気を決定づけたのは、西川正休が天文学に対してさほどの実力を持っていなかったことである。計算などは弟子に任せ、まともに暦法を作成することもできなかった。そのため、土御門家に提出した新暦法の案も疎漏（そろう）が多く、そのまま使うことができなかった。そこで、かねてより不信感を募らせていた土御門泰邦は、西川に対して新暦法の案に関する質問状を突きつけたが、西川は相手が納得するような返答をすることができず、さらには病気と称して御用も休みがちになるという有様であった。

そしてついに、土御門泰邦は幕府に対して西川の非を申し立てて失脚させ、代わって自らが中心となって改暦事業を進めて新暦法を作成し奏進、「宝暦甲戌元暦」（以下、宝暦暦と呼ぶ）と名を賜り、宝暦五（一七五五）年から施行されることとなった。

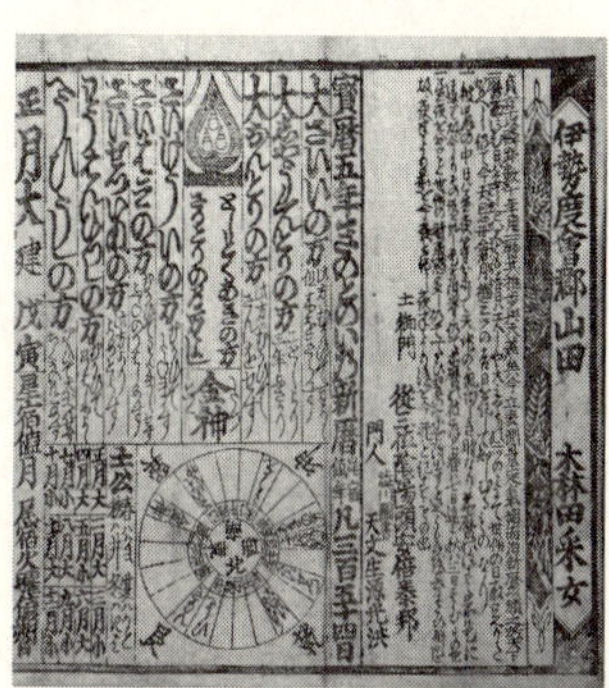

写真12　宝暦5（1755）年の伊勢暦。土御門泰邦と渋川光洪の名が見える

ところが、実は泰邦自身も天文学に秀でていたわけではなく、結果として出来上がった宝暦暦は、貞享暦を部分的に改変したに過ぎず、精度的には改悪であったと評価されるようなものであった。施行からわずか九年目の宝暦一三（一七六三）年には、早くも日食の予報に失敗するなど問題が生じたため、幕府は天文方に暦法の修正を命じ、明和八（一七

七一)年に修正された計算法が採用されたものの、根本的な解決にはならなかった。

このように、吉宗が自ら推進した改暦事業であったが、周囲に渋川春海のように暦学に秀でた人物がいなかったし、新たに輸入した天文書が出回っていない状況下では西洋天文学に精通した人材は望めなかった。また、貞享改暦時は江戸の渋川春海と京都の土御門泰福の間に良好な関係が構築されていたが、今回はそれもなかった。しかも、改暦を企画した当の徳川吉宗は改暦事業まっただ中の寛延四(一七五一)年に亡くなっており、結局西洋天文学を暦法に取り入れようとした試みは失敗に終わってしまった。

中国から伝えられた新しい天文学

吉宗がわざわざ取り寄せた宣教師や梅文鼎による中国天文書は、今回の改暦で大きな役割を果たすはずであった。宝暦の改暦時に使われた観測機器を見ると、西洋天文学の知識を取り入れて工夫した跡が見え、西川正休の努力がうかがえる。しかし新しい天文学の内容を理解し、十分に使いこなすことができる人材が登場するにはもう少し時間が必要であった。というのも、イエズス会士が伝えた知識や情報は膨大な量であったからだ。

ではここで、イエズス会士系天文書についてもう少し詳しく見てみよう。前章で簡単に触れたが、一七世紀のはじめ、中国の明朝では当時施行されていた大統暦での日食予報が当たらなかったことから改暦の議が起こり、宣教師が暦書の編纂に当たった、そこで作られたのが『崇禎暦書』である。

『崇禎暦書』はかつて渋川春海が入手してむさぼるように読んだ『天経或問』のような一般書ではなく、高度な専門書であった。さらに一三五巻という大部の書物で、そこには太陽と月の運動理論、日食や月食理論といった暦作成に不可欠な内容はもちろん、一七世紀初めころまでの西洋天文学の成果が網羅されているという、まさに「天文学のエンサイクロペディア」であった。

では、暦学者たちにとって最大の関心事であった太陽、月、惑星の運動理論はどう扱われていたのだろうか。実は、地上から見たそれら天体の運動は決して単純ではなく、さまざまな運動要素が組み合わさって複雑な動きとなっている。その位置を計算で求めるにあたっては、伝統的な中国天文学では、天体の運動の中にどのような要素が含まれているのかを数理的に解析して解明する方法を取っていた。

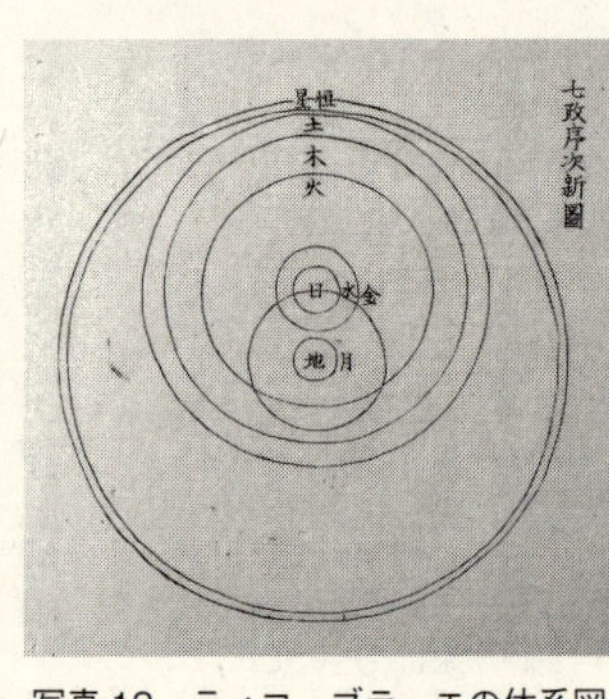

写真13　ティコ・ブラーエの体系図

一方、西洋天文学では幾何学を用いて説明した。例えば『崇禎暦書』では、デンマークの天文学者ティコ・ブラーエ（一五四六〜一六〇一）の考えた天動説（地球中心説）に基づいて、天体が軌道上をめぐるとする（写真13）。つまり、宇宙の中心は地球で、その周りを月と太陽がめぐる。そして太陽を中心にして水星、金星、火星、木星、土星の五惑星がめぐり、最外層は地球を中心に恒星が位置するという構造である。そして各天体が軌道上のどこに位置するか幾何学を使って計算するのである。このような手法は、東洋の研究者にとってまったく目新しいものだった。

加えて、もう一つの目新しさは、観測データが豊富に掲載されている点である。西洋天文学では、太陽や月、惑星の運動を数多く観測し集めたデータを使って、組み立てた運動理論が正しいかどうか検証し、修正するという方法を重要視していた。そこで精密な観測機器を作り、精度の高い観測データを蓄積したのだ。

したがって、幾何学モデルを用いた天体運動論と精密な天体観測を特徴とする、これまでになかった新しいスタイルの天文学を、江戸の天文学者たちが理解し、使いこなすには時間が必要だった。

新しい中国天文書の普及

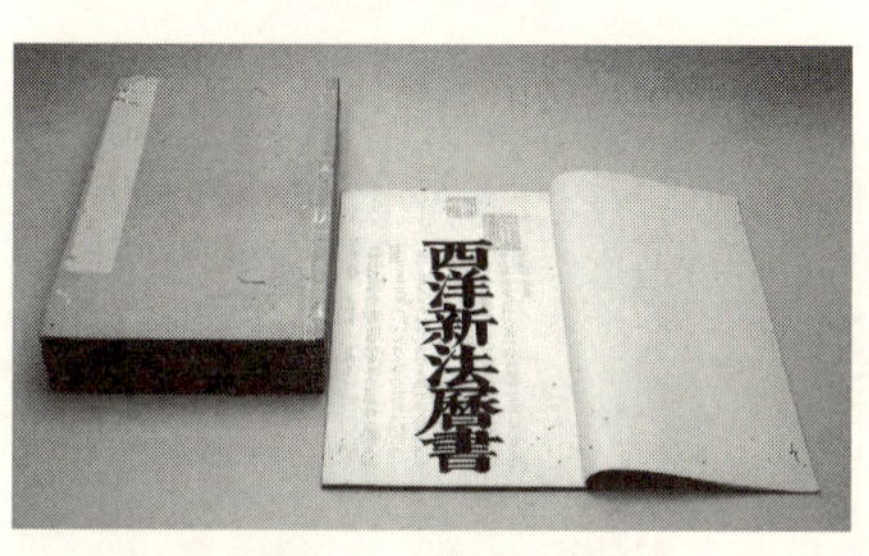

写真14 『西洋新法暦書』

『崇禎暦書』を完成させた明朝は続けて改暦を目指したが、実現を待たずに滅亡してしまった。しかし清朝が引き続きイエズス会の宣教師を重用し、一六四五年にはアダム・シャール（湯若望）が編纂した時憲暦への改暦を行った。さらに『崇禎暦書』を再編した『西洋新法暦書』（写真14）が作られている。ちなみに、中根元圭の答申を受けた徳川吉宗が取り寄せた天文書はこの『西洋新法暦書』と考えられている。そしてその後も宣教師が中心となって天文書が編纂された。例を挙げると、暦の理論と計算法を紹介した『暦象考成後編』（一七四二年）をはじめ、観測機器の解説や恒星の位置データを掲載した『新製霊台儀象志』（一六七四年）、『儀象考成』（一七四四年）などがある。他に『西洋新法暦書』を中国人が中心となって再編した『暦象考成』（一七二三年）なども含めると、質量ともに豊富であった。宣教師たちが伝えた新しい科学は大きな影響を与えた。游子六の『天経或問』や梅文鼎の『暦算全書』もその一例である。

日本では、徳川吉宗による禁書令緩和をきっかけにして、これらの新しい中国科学書が入ってきたが、当時のことであるから少しずつ輸入され、時間をかけて普及していった。そして、一八世紀の後半になると、出回り始めた書物を読んで新しい天文学の知識を受け入れる、新しい世代の研究者が登場しはじめる。その一人が、大坂で活躍する民間の天文学者、麻田剛立であった。

2　西洋天文学が変えた宇宙像——麻田剛立が見た宇宙

麻田剛立——新しい世代の天文学者現る

一八世紀の半ば、天文方や陰陽寮が西洋天文学に基づいた改暦とは程遠いレベルでもたもたしていた頃、民間では吉宗が出した禁書令緩和の効果が少しずつ現れはじめた。一八世紀後半になると、『崇禎暦書』などの中国天文書が、国内各地のアマチュア研究者たちの手にも入るようになってきた。すると、そこに書かれた西洋天文学の知識を理解した民間研究者の間から新しい研究の流れが生まれたのである。その中の代表とも言うべき人物が、麻田剛立である。

麻田剛立（一七三四〜一七九九）は、もとの名を綾部妥彰といい、九州の国東半島にある杵築藩（現在の大分県杵築市）の儒者綾部安正の四男として生まれた。幼い頃から宇宙に興味を持ち、成長してからは独学で天文学と医学を学んだ。伝記によると、一二、三歳の頃には推歩（暦計算）に夢中に取り組んでいたといい、また日月食の観測記録も二五歳の時のものが残っており、若い時期から非常に熱心であった様子がうかがえる。

そんな剛立の天文学に対する研究の成果が多くの人々に知られる出来事は、三〇歳だった宝暦一三（一七六三）年九月一日に起こった。彼は、独自の計算によりこの日に日食が起こると二年前から予報して周囲の人々に話していた。しかし発行された暦には日食が起こるとは記載されていなかったので、ほとんどの人は剛立の話を相手にしなかったという。そして迎えた日食当日、空を見上げると果たして太陽が七分ほど欠ける日食が起こったのである。剛立の予報が見事的中したことを知った人々は、改めて彼の学問レベルの高さを認識したのであった。

また剛立は、独学で身につけた医学にも秀でていたことから、三四歳の時に杵築藩主松平親貞の侍医として仕えている。しかし明和九（一七七二）年の正月、三九歳の時に杵築を出て大坂（本書では現代の場合を除き、当時の通り「大坂」と表記する）に移り住むこととなったのである。その事情としては、侍医の業務が多忙なために天文学に取り組めないことが不満であったからだとか、重病の藩主を平癒させたことから同僚の妬みを受けたからなどと言われているが、真相は不明である。ただ、大坂に出る前に三度も辞表を提出したが受け入れられなかったという言い伝えもあるから、前者が原因だったのかもしれない。

ともあれ、当時の有力なアマチュア天文学者のひとりであった剛立は大坂に出て、綾部妥彰から麻田剛立へと改名した。到着してひとまずは懐徳堂という学問所の儒学者中井竹山とその弟履軒のもとに身を寄せた後、本町四丁目に居を構えて、医を業としながら本格的に天文学の研究に打ち込むという第二の人生をスタートさせたのであった。

独自の暦法を作成

麻田剛立が研究に新しい中国天文書を用い始めた時期は定かではない。恐らくは大坂に移り住んだ以降のことと考えられているが、西洋天文学の情報に触れたことを機に剛立は新しいスタイルの研究を開始した。

まず、天体の運動をより精密に計算するには数多くの観測データが必要となるので、書物に収録されたデータを利用するだけでなく、自ら新しい観測データを得ようと試みた。そこで『新製霊台儀象志』を参考にして、天体が南中する時刻を定めるための子午線儀を作ったり、時刻の決定のために振り子（垂球（すいきゅう）と呼んだ）を利用したりと、新しい観測機器を取り入れた。次に、暦の計算理論については『暦算全書』や『暦象考成』を研究し、自らの観測データと組み合わせて独自の暦法「時中暦（じちゅうれき）」（時中法、持中法などとも呼ばれる）を作り上げている。

こういった工夫により、剛立の天文学は、天体が実際にどのような運動をしているか知るためのデータを観測により数多く集め、そこで得た結果を理論にフィードバックするという、近代的なものとなったのである。

さらに、特徴的な研究として、独自の「消長法(しょうちょうほう)」を考案した点が挙げられる。これは、将来だけでなく過去のデータにも合う暦法を作るために考え出されたもので、天文学の計算に用いる基本的数値が時代とともに変化するという理論である。ただし、消長法自体は既に中国の授時暦で採用され、日本でも渋川春海が貞享暦に取り入れていた。しかし、それらの消長法は太陽年(太陽が天を一周するのにかかる時間)の値だけが変化するというものであったのに対し、麻田剛立の消長法は太陽年だけでなく、月の公転周期や満ち欠けの周期、天の赤道と黄道(こうどう)のなす角度(黄道傾斜角)など色々な天文常数が時と共に変化するという理論であった。これは、剛立がさまざまな書物に見られるデータを数多く利用し、それらを広く考察することによって生み出すことができた、ユニークな発想であった。

オープンな研究スタイル

しかしながら、麻田剛立はすべて独力で研究を成し遂げたのではない。全国の研究者と連絡を取り合いながら協力して研究を進めるなど、ネットワークも活用していたのである。

この研究方法は当時としてはかなり型破りであった。というのも、この頃の学問は非常に閉鎖的なスタイルが主流で、学問を学びたい人が先生に入門する際は入門誓紙(せいし)と呼ばれる誓約書を提出するのだが、他分野の例を見ると「先生から学んだことは、他人はもちろん家族にさえ話はしません」というような一文があったり、中には「教わったことは同門の者にも話しません」「先生に無断で著作物を執筆しません」というようなことまで約束したりする例もある。すると、これを提出して入門した人が、やがて学問を修めて免許皆伝となって弟子を取ることができる身分になると、やはり師と同じような誓紙を提出させる。これが繰り返されるのであるから、いつまでたっても閉鎖的なままであった。

ところが剛立については、門人帳が残っていないので詳しいことはわからないものの、そこまでの厳しさが見られないのである。もちろん、自らの秘法である消長法は四人の高弟にのみ伝授しただけであるなど、全てがオープンというわけではなかった。しかし残された手紙などを見ると、剛立が大坂はもとより日本各地の研究者と手紙で交流して情報交換や議論をするなど、自ら得た知識を惜しげもなく人に伝える様子がうかがえるのである。

一例を挙げよう。安永四（一七七六）年閏一二月一六日の夜、月食が起こった。この時、大坂に住んでいた広島藩の儒者・頼春水（らいしゅんすい）（一七四六〜一八一六、頼山陽の父）は、なにわ屋という商家にある物干しで剛立が観測する様子を見物している。その場の様子を伝えた手紙で春水は、「門人たち四、五人と、そのほか見物人も多くいて、望遠鏡や、糸を張った物のほか色々な観測機器があり、階下には時計が二つとそろばんなどもありました」と記している。

見物人の中には土佐藩の天文学者から紹介されて来たという人もいたが、多くは天文学に疎い人たちであったというから、剛立がすべての人に観測を公開していたことがわかる。その夜はとても寒かったものの幸い天候に恵まれ、剛立と門人、見物人たちは一緒に月食を眺め、さらに剛立は頼春水ともいろいろ雑談を楽しんだ。

このようにオープンな雰囲気で多くの人との間で学問の交流を行い、議論を深めると、学問が発展することを剛立は知っており、それを実践していた。

西洋天文学が変えた宇宙像

さて、西洋天文学の知識の流入が当時の日本の天文学に与えた影響は、単に暦の精度向上にとどまらない。人々の宇宙を見る眼にも変化をもたらしたのである。

先述したように、暦作りに必要とされた太陽、月の運動理論については、伝統的な中国天文学では数理的に解析する手法を取っていた。そのため、天体の軌道や大きさといった宇宙の空間的イメージを重視しなかった。結果として、中国では二千年ほど前には渾天説や蓋天説、宣夜説といった宇宙論が生まれて、宇宙の形や大きさなどが議論されたものの、暦作りや天文占には不要なものとして唐代の頃に衰退して以来ほとんど論じられることがなくなってしまった。

一方、西洋では天体の運動を、周天円軌道などの幾何学モデルを使って考えることから、『崇禎暦書』などに描かれた天の体系の図を見る者は、「宇宙は空間である」ことを自然にイメージするのだった。さらに、天体望遠鏡で太陽や月、金星や土星などの姿を目の当たりにできるようになると、それらの天体が実体としてもとらえることができるようになる。

こういった新しい天文学知識の流入により、それまでの天帝を中心とした宇宙観を抱き続けてきた人々の考え方も変化していったことであろう。

剛立の考察①月のクレーターの深さを推測する

実は、このような新しい宇宙や天体のイメージをいち早く思い描くことに成功した人物が麻田剛立である。したがって剛立の天文学のユニークさは、よく知られた暦学の業績ではなく、宇宙観にこそあると言ってもよいだろう。ではここで、剛立が唱えた宇宙に関するいくつかの説を紹介しよう。

一点目は、月のクレーターに関する考察である。麻田剛立は自ら望遠鏡を所有し、天体観測を行っていた。その中で最もユニークなのが月面クレーターの観測だ。望遠鏡で見た月面について、剛立は知人に宛てた手紙で詳しく述べている。

「半月を望遠鏡で見ると、土の塊とか水とか水気のようには見えません。強いて言えば、銅細工に凸凹があるような姿で、磨き方が悪い鏡に日光が当たっているように見えます。月には池（筆者注：クレーター）が何箇所もあります。池の形は、縁から急に深くなって底が平らなものや、薬研（やげん）のような形、薬鉢のような形、中に築山があるようなもの、深くて底が知れないものなどがあります」

つまりクレーターを見て、月の表面にあいた穴であることを確認している。さらにはクレーターに当たる日光の様子から、「池の東側は、西から太陽の光が当たっているのでよく見えます。池の西側の縁は、太陽の光が当たらないので影が差しています。月の差し渡しを百里とすると、大きな池の差し渡しは五、六里、深さは一里あるいは二里で、深いものは三里もあるように見えます」と述べ、クレーターの内部にかかる影の見え方から、その深さも推測しているのである。剛立の目には、月は地球と同じような天体であると映っていたことがわかる。

写真15　半月ごろの月（月齢8）

剛立の考察②地球の南極には大陸がある

二点目は、「地球の南極付近に大陸がある」という説の提唱である。月食とは、太陽・地球・月が一直線に並んだ時に起きるもので、月が地球の影の中に入ることにより、満月の夜に月が数時間にわたって光を失う現象である。したがって、月食中に月が欠ける形は、月面に投影された地球の形であるから、その形状を詳しく観察すれば地球の形を知ることができると剛立は考え、観測を試みたのだ。

その結果を、剛立は親友の哲学者三浦梅園(みうらばいえん)の手紙で次のように語っている。「詳細を尽くした南蛮の地図を見ましたが、南方には大国があるようです。私も月食を観測し、望遠鏡で拡大してみて見ると、月が欠ける形は真円ではありません。地球の影の南極とアジアに当たる所は、わずかなふくらみとへこみを示しています。これは西

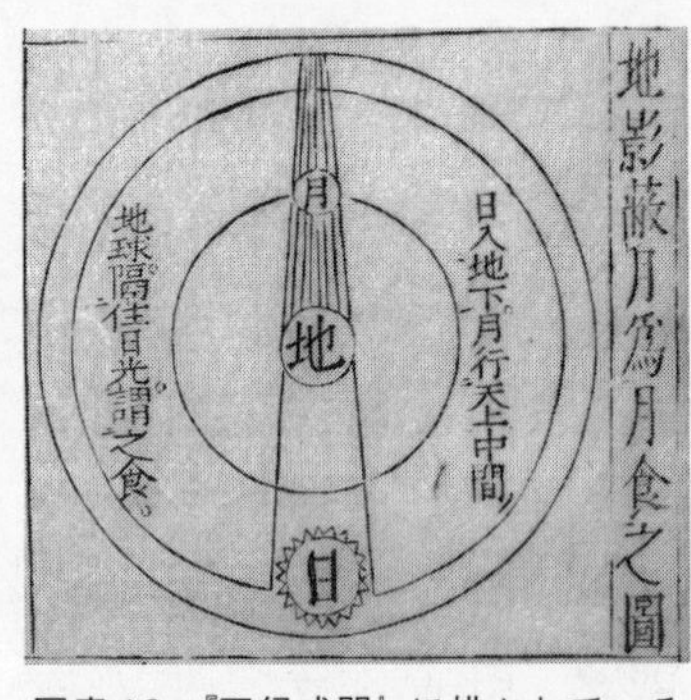

写真16 『天経或問』に描かれている月食の原理図

写真17 月食中の月

洋の説には見られず、私が観測で見つけました」

当時の日本にもたらされた地図には、南極の部分に未知の大陸であるメガラニカ大陸が描かれており、そのことが頭の中にあって思いついたのかもしれない。ただ、月面に落ちた地球の影の形が、地球の陸地のためにゆがんだ円になることはない。地球の直径は約一万三〇〇〇キロメートルであるのに対し最高峰のエベレスト山でも高さ九キロメートル弱で、比率にして〇・一パーセントにも満たないのであるから、目視で確認できるレベルにはないのだ。剛立は望遠鏡で拡大することにより、形に凹凸があると思ったのだが、結果としては思い込みによるものだ。

しかしながら、暦学者にとって月食は、食の起こる時刻と欠け具合、見える方角が暦と合っているか、自分が計算した予報値と合っているかを確かめることが唯一の関心事であり、その観測は自らの真価も問われる緊張の時間帯であろう。そのような状況下でも、剛立が月食中に影の形を見て、地球の形に思いを馳せているのは、単に自らの暦計算に自信を持っていたからではなく、彼の興味の範囲が伝統的な暦学の枠内に留まっていなかったことを示している。

剛立の考察③恒星は自分で輝いている

三点目は、星の輝きに関する考察である。夜空で星座を形作る星たちは恒星と呼ばれる。恒星は、太陽と同じように自ら光り輝く天体であるが、地球からとても遠いところにあるため、大きさを持たず点像にしか見えない。しかし点に見えるが故に、我々の眼にその光は鋭く映るのである。その様子を見た剛立はどのように考えたのだろうか。彼の弟子であった高橋至時（たかはしよしとき）は、師の剛立に宛てた手紙の中で、次のように書いている。

最近の西洋の説では、太陽が宇宙の中心にあるとしていますが、これは真に自然の道理を得ていると感心しています。そのことを考えるにつけ、たとえ暗い星であっても恒星の輝きの勢いは強いことから、間違いなく自ら光を発しているはずだという先生の御説が心に沁みわたり、感服します。

つまり剛立は、恒星の鋭い光は自ら輝く光の勢いだと考え、太陽と恒星は同じ種類の天体であると推測し、弟子たちに日ごろから語っていたのである。

剛立の考察④ケプラーの第三法則に相当する法則の考案

四点目は、天体の軌道に関する考察である。麻田剛立がケプラーの第三法則に相当する法則を考え出したという話がある。ケプラーの第三法則とは、ドイツの天文学者ケプラーが一六一九年に発見した法則で、太陽の周りを回る惑星の運動について、「惑星の公転周期の二乗は、軌道の長半径の三乗に比例する」というものであるが、剛立の著書とされる『五星距地之奇法（ごせいきょちのきほう）』に、この法則に相当する関係が計算値と共に記されているのである。

この「発見」については、剛立独自の発見なのか、どこかから見聞きしたアイデアを参考にしたのか、様々な説が出されているが、真相は謎である。しかしながら彼がこのような関係性を唱えるということは、宇宙にある中心天体（地球または太陽）の周りを惑星がそれぞれの大きさを持った軌道上でめぐっているという西洋天文学の軌道論をしっかりと把握できていたことを示している。

大宇宙をイメージしていた麻田剛立

　このように、剛立は観測を通して天体の実際の姿や天体の動きに見られる法則を見出そうとした。ただ、新しい知識を十分に消化できるほどの情報があったわけではないから、月食の影から地球の大陸の存在を確信するという、現代から見ると明らかに誤りとわかる説を立てるなど、剛立の発想を手放しで称賛することはできない。

　しかしながら、伝統的な暦学者であれば、暦作りには不要な知識として関心を持たないような、月のクレーターの深さや恒星の輝き方といった事柄を喜々として探求し、周りの人々に楽しそうに語る剛立の姿勢には、暦学の枠を軽々と乗り越えていて、それまでの日本の天文学者には見られないユニークさがある。新しい中国天文書を読み込み、その中に潜んだ新しい宇宙のイメージをいち早く読み取った剛立の眼には、見上げた夜空が奥行きのある空間に見え、そこに浮かぶ星たちは実体のある物体に見えていた。

3　吉宗の願いが叶う時――寛政の改暦

麻田学派の形成と『暦象考成後編』の入手

時代の最先端を行く麻田剛立のもとには多くの人が入門し、やがて麻田学派ともいうべき集団が形成されていった。その中でも最も優れた弟子が、質屋を営む大坂町人であった間重富（はざましげとみ）（一七五六〜一八一六）と、大坂定番（じょうばん）同心であった高橋至時（一七六四〜一八〇四）の二人である。

間重富は、幼い頃から技術面の才能を持っており、さらに豊富な財力を用いて観測機器の発明や改良を行って観測精度の向上に力を注いだ。一方の高橋至時は理論天文学に類まれな才能を持った天才肌の研究者で、その数学的な実力は師の剛立をも凌駕すると言われるほどであった。麻田剛立が間、高橋と出会ってからは、三人は師弟というより共同研究者ともいうべき関係を構築して天文学に打ち込んだのだった。

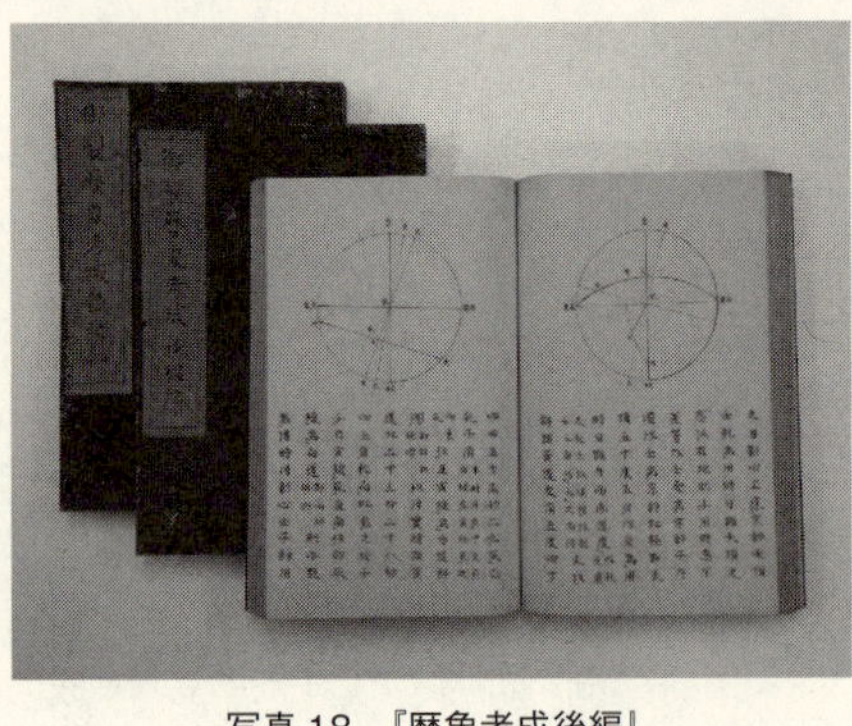

写真18　『暦象考成後編』

さらに、日ごとにレベルを上げていく麻田学派の実力を決定的に高めたのは、『暦象考成後編』（一七四二年、写真18）の入手である。『暦象考成後編』は、ドイツから中国に来た宣教師ケーグラー（戴進賢）らが編纂した天文書で、太陽と月の運動論にケプラーの楕円理論が導入されるなど、『崇禎暦書』系統の書物より新しい天文学が紹介されていた。しかしこれは、当時日本に二、三部しか輸入されておらず、世間に流布していない珍本中の珍本でもあった。間重富はこの本を所持していた桑名藩主松平忠和（ただとも）から入手することに成功し、さっそく麻田と高橋と共同研究を行った。

この本を見た麻田剛立は、あまりに進んだ内容に驚き、長年かけて作り上げてきた自身の暦法を焼き捨てようとし、弟子たちがあわてて止めるという事態になった。そんな衝撃を乗り越え、三人は幕府天文方でさえも手に負えなかった難解な書物をマスターすることに成功した。これにより、麻田学派は名実共に当時最高レベルを持った研究者集団となったのである。

弟子たちが成し遂げた寛政の改暦

さて、ここで再び幕府の動向を見てみよう。将軍徳川吉宗が望んだ西洋天文学を用いた新しい暦作りであったが、宝暦の改暦事業では失敗に終わってしまった。しかし幕府はあきらめることなく、宝暦暦施行から四〇年近く経った寛政四（一七九二）年には、天文方吉田（よしだ）秀升（ひでのり）、山路（やまじ）徳風（よしつぐ）に命じて『崇禎暦書』に基づく試暦を作成させたが、採用には至らなかった。

これでは埒（らち）が明かないと判断した幕閣たちは、麻田剛立に改暦をさせようとしたが、杵築藩を離れた身や老齢であることから出仕の意志がないことを知るや、剛立の高弟である高橋至時と間重富の両名に対して暦学御用につき江戸出府を命じたのである。時に寛政七（一七九五）年三月のことであった。

最新の『暦象考成後編』の内容をマスターしていた二人の実力は幕府からすぐに評価され、改暦実施の方針が決定した。幕臣であった高橋は天文方に昇進し、町人であった間も天文方同列で議論することを許され、改暦の準備に携わった。そして遂に翌寛政八（一七九六）年八月五日には改暦の命が下され、高橋が中心となって編纂した寛政暦法が完成し、寛政一〇（一七九八）年から施行されたのである。この寛政暦は、『暦象考成後編』に基づいて太陽と月の運動にケプラーの楕円理論を導入するなど、西洋天文学の成果が盛り込まれた日本で最初の暦法であり、これこそ徳川吉宗が望んでいたものであった。

改暦終了後、幕府は事業に携わった天文方三人と間重富に対して褒美を下賜したが、加えて麻田剛立にも白銀五枚を下賜してその貢献を称えている。

アマチュアを貫いた麻田剛立

弟子たちの大仕事を支えた剛立は、普段から大酒飲みで豪放な性格でもあったことから「豪傑」と称されていた。しかし寛政の改暦事業が始まった頃から加齢による衰えが目立つようになり、寛政一一（一七九九）年、ついに六六歳で生涯を終えた。当時を代表する優秀な研究者であり、全国の研究者仲間に知られる存在であったものの、表舞台に出ることはせず一人のアマチュア研究者として人生を送り続けた人であった。

そんな剛立が亡くなって三年後、愛弟子であった間重富は、同門の高橋至時に宛てた手紙に、師のことを振り返っている。

麻田翁は、自らの学問を他人のためにとは考えず、生涯この道（天文学）を愛好し、世俗をのがれて隠れ、自ら楽しんでおられました。実に、学問の良し悪しはともかく、当時にこのような人はおらず、亡くなられたのは時の巡りによるものですが、心残りなことです。

続けて重富は、自ら作った詩を添えている。

山陰有奇樹　凋発任天時　（山陰に奇樹あり　凋発天時に任す）
陋巷有高士　不憂人不知　（陋巷(ろうこう)に高士あり　人の知らざるを憂えず）

訳：山の陽の当たらない場所に風変わりな木があって、枯れるのも伸びるのも自然の巡り合わせに任せる。巷(ちまた)に官に仕えることをしない優れた人がいて、世人が己の存在を知らぬことなど一向に気にしない。

医者でもあった剛立は大坂に出てからも解剖実験を行うなど医学研究も継続していて、天文学にとどまらず多方面に興味を持って探求し、心から学問を楽しむ人生を貫き通した。

そんな剛立であったが、墓碑文によると、晩年は自らの研究成果を著者にまとめたいと考えるも病気にかかり、亡くなったために、果たすことができなかったという。その結果、「(剛立)翁没後、机上前後を見るに、一に医書暦書等の遺稿なしといふ」(『麻田剛立翁伝』)という状態だった。

その一方で、剛立の薫陶(くんとう)を受けて育った弟子たちは改暦に参画し、その後幕末まで続く幕府天文方の学問の主流を作り上げることになるのである。

第三章　改暦・翻訳・地動説——高橋至時・伊能忠敬による発展

1 下級武士が取り組んだ改暦事業

急速に進歩した江戸の天文学

大坂を拠点として天文学研究を行った麻田剛立は多くの弟子を育てた。中でも高弟として知られた人物が前章で紹介した間重富と高橋至時である。二人は共に民間の天文学者であったが、徳川吉宗以来幕府の長年の懸案であった、西洋天文学の成果を導入した暦法への改暦を成功させるという大仕事に携わった。

このうち、高橋至時は武士であったことから天文方に昇進し、改暦後も江戸で天文学研究を続けたのだが、実は彼こそが後に江戸後期を代表する天文学者と評されるほどの活躍をすることになる。

その一例が伊能忠敬の日本地図作製の指導である。高橋至時という名を知らなくても、「伊能忠敬の先生」と言えば「ああ、五〇歳で隠居した忠敬が入門した、一九歳年下の先生か」と、大雑把なプロフィールを思い出される方は多いかと思う。さらに高橋は、大坂で培った新しい研究スタイルを幕府天文方に持ち込んで根づかせ、さらにオランダから輸入した西洋天文書の翻訳をも手掛けるなど、幕末まで続く天文方の研究の方向性を作り上げている。しかも驚くべきことに、それらの業績は高橋が天文方に就任してから病没するまでの約一〇年間という短い期間に成し遂げられているのである。

そこで本章では、高橋至時がどのように研究の幅を広げていったのかを中心に、一八世紀末から一九世紀初頭の天文方の様子を見ていくことにしよう。

麻田門下の俊英・高橋至時

高橋至時は、明和元（一七六四）年に高橋徳次郎元亮の子として大坂に生まれた。字は子春（ししゅん）、東岡（とうこう）または梅軒と号し、通称は作左衛門である。高橋家は代々大坂定番同心という大坂城の警護をする役人の家で、至時は一五歳で父の跡を継いで同心に就任する。一方で、幼い頃から算学が得意で、算学の上達を願って朝日を拝んでいたという理系少年であった。二三歳の時には『列子図解（れっしずかい）』という算学の著書も執筆している。

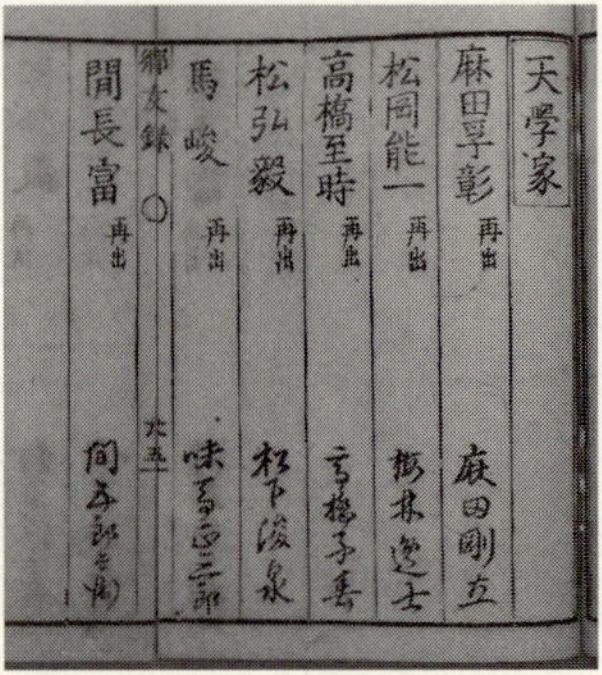

写真19　浪華郷友録

麻田剛立に入門して天文学を本格的に学びだしたのは二四歳の時で、同門の間重富と数か月ちがいの入門であったという。その後、寛政の改暦事業のために三二歳で江戸に召されるまでの様子はほとんど知られていないが、入門の二年後には授時暦の日月食計算法に関する書物を著しているし、大坂の諸芸に通じた人々を紹介した『浪華郷友録』（写真19）という書物（寛政二年版）には「天学家」つまり天文学に通じた人物として麻田剛立、間重富と共に高橋至時の名も挙げられていたから、入門直後から秀でた才能を発揮していた姿が想像される。

彼の能力は特に数学分野で秀でており、教科書として使用していた『暦象考成』などの天文書に書かれた天体の運動理論、日月食の予報計算などを理解するだけでなく、書物中にあった記述の誤りを指摘したり、煩雑な計算が必要な数式を簡単に計算できるように改良したりするなど、得た知識を完全に使いこなしていた。

夫の学問を支えた内助の功

しかし、至時の本業である大坂定番同心は薄給の下級武士であった。二〇歳の時に結婚した妻志免（しめ）との間にもうけた五人の子どもを育てながら、経済的に苦しい中で観測機器や書物を揃えていった。

そんな学問に打ち込む至時に対して、妻の志免は家計のやりくりに苦労しながらも温かく見守るエピソードが伝えられている。高橋家の庭には大きな柿の木があり、秋ごとになった実を売って若干の収入を得ていた。しかし夜になると柿の実を盗もうとやって来る者が多く現れるため、至時は夜通し柿の木の番をしていたという。

ある日、至時が仕事から帰宅すると、柿の大木が根こそぎ切り倒されていた。これはどういうことかと至時が驚いていると、妻はこの木は自分が切らせたと言ったのである。そこで、なぜこのようなことをしたのかと問いただしてみると、志免はこう言ったという。「旦那様には、必ずや天文学で家を興すであろう兆しが見えております。だから、夜ごとに屋根にのぼって夜更けまで天体を観測している上に、柿の木のために心を費やしておられるのはいたわしいことです。この木さえなければ学問に専念できて良いことだと思いましたので、このようなことをいたしました」。それを聞いた至時は感心し、妻を責めることはなかったという。

このエピソードは、曲亭（滝沢）馬琴らが人々の間で語られている話を集めた『兎園小説』という本の中に「賢女」というタイトルで収められていることから、志免は学問で立身出世をした至時を支えた賢妻として江戸の町中で知られていたようである。

だが家族を支えてきた志免は、至時が暦学御用のために単身江戸に出て半年後の寛政七（一七九五）年一〇月、病気のため大坂で亡くなってしまった。二八歳の若さであった。至時が天文方に昇進する一か月前のことであったが、御用で多忙な至時は大坂へ帰ることを許されなかったという。

江戸で進められた改暦準備

さてここで、寛政の改暦事業が動き出す前の天文方の様子を見ておこう。前章で紹介したように、宝暦の改暦では将軍吉宗が目指した西洋天文学の成果を用いた暦法作りは実現できなかった。しかも、暦法の精度が低いことから幕府は暦法の修正を余儀なくされ、明和八（一七七一）年には佐々木長秀（のちに吉田秀長に改名）により暦法の一部を修正した修正宝暦暦法が作られたが、これは対処療法にしか過ぎなかった。その後も改暦への試行錯誤が続けられ、寛政四（一七九二）年には天文方吉田秀升と山路徳風が『崇禎暦書』による暦書作成を命じられ、翌年に試暦二冊を献上したが、改暦の決断には至っていない。

幕府としては簡単に改暦に踏み切るわけにはいけない事情があった。宝暦の改暦では、西洋天文学を取り入れた暦法が導入できなかっただけでなく、改暦の主導権も握ることができなかった。その影響は大きく、貞享の改暦以降獲得していた暦の編纂権を失った。また土御門泰邦は自ら作成した暦法の伝授に対して制限を加えたため、天文方は組織内部で宝暦暦法の伝授や研究を行うことさえも自由に行えない状態になっていた。だから今回、編暦の主導権を奪い返す必要があった幕府は、土御門家よりも圧倒的な暦法の知識を持っている人物でないと改暦を任せることができなかった。改暦事業は政治的な意味を持った事業でもあったのだ。

そんな状況の中、幕府は寛政七（一七九五）年三月に大坂で活動する麻田門下の高橋至時と間重富に対して、暦学御用による江戸出府を命じた。

驚くべきことに、間重富は改暦事業が始まる数年前から、近々改暦が行われるであろうという情報を入手していたという。ということは、天文方を監督していた若年寄を中心とする当局者は、『崇禎暦書』を研究していた天文方よりも、『暦象考成後編』をマスターしていた麻田学派のレベルの方が高かったことを把握していたことになる。そういった情報は、算学や天文学の研究者でもあった桑名藩主松平忠和が間重富と交流していたことから流れたものと考えられているが、ともあれ幕府としては在野の研究者グループであった麻田学派に改暦事業を託すことができるかどうか確かめることにした。

改暦実施の決断

幕府の見極めは早かった。江戸に出府した高橋至時は四月二八日に暦作御用手伝を命じられた。六月には病気のために遅れて出府した間重富も合流し、二人は幕府の求めに応じて天体観測や機器の製作、さらに当局からの様々な諮問へ回答を行った。その結果、早くも八月には改暦の実施を決断し、すぐさま土御門家に改暦の打診を始めている。

八月二九日、京都の土御門家に武家伝奏からの使者が訪れ、意見を求めたいことがあるので翌日に来るようにと伝えた。そこで翌日、土御門泰栄が参上し面会したところ、関東（幕府）から内々の書状が届いたので内容を検討した上で意向を返答するようにと申し渡された。その書状の内容は、現行の宝暦暦は実際の天象とずれが生じているので幕府内で検討したところ、『暦象考成後編』の法が正確であることが確かめられたので、近日中に幕府内で改暦が仰せ出されるだろうというものであった。さらに、改暦にあたっては『暦象考成後編』の法をそのまま用い、改暦時に行う天体観測も江戸のみで行い、これまでのような京都での精度検証のための観測は省略することも示されていた。当然ながら、ここに登場する『暦象考成後編』は高橋と間がマスターしていた書物である。したがって幕府は、高橋至時が出府して四か月、間重富の出府からわずか二か月のうちに改暦実施の方針を固め、土御門家と正式な交渉を始めていることになるから、二人に対する幕府当局の期待と信頼の厚さは相当なものであったことがわかる。

一方、突然の通知を受けた土御門泰栄は対応に追われた。まず武家伝奏に対しては、改暦の仰せ付けは国家人民のためであり喜ばしいことであるが、これまで行ってきた方法や、土御門家の職掌を守ってほしいという趣旨の返答を行った。同時に、自分の弟子であった江戸の天文方たちに書状を送り、いきなり幕府から改暦を予告する知らせが来たが、これはいったいどういうことか、幕府から内々の沙汰があったのではないか、改暦を仰せ出されて然るべきだと自分に内緒で申し立てているのではないか、と不信感を露わにして問い合わせている。その書状を受けた天文方は、改暦の件については全く知らないと強く否定した回答を送っている。その後も土御門泰栄は、天文方に対して日月食の観測データの提出を求めたり、『暦象考成後編』を一読したいと要望したりと頻繁に連絡を取り、状況の把握と準備に努めた。

土御門泰栄が改暦の打診に対して反対しなかったことで、幕府は高橋と間を中心に改暦を行う方針を確定することができた。その結果、幕府は一一月一四日に、至時と重富に対して西洋暦法による詳しい研究をすべき命を下し、議論は天文方と同列で行うように命じた。あわせて、士分であった高橋至時は天文方に昇進した。

寛政の改暦事業

その後も準備が進められ、ついに寛政八（一七九六）年八月五日、幕府は天文方に対して改暦の命を下した。それを受けて、京都の土御門家と改暦事業を進めるべく山路、吉田、高橋の三天文方が京都へ向かった。一方の間重富は江戸に残って、天文方奥村郡太夫とともに観測機器の製作や調整、補助観測などの業務を担当し改暦を支えた。

幕府が当初省略しようとした京都での観測は結局行われることになった。但し、貞享と宝暦の改暦時には土御門家の屋敷で実施され、その必要経費は幕府が負担したのに対して、今回は幕府が土御門家の屋敷の近くに専用の天文台を建設し、土御門家から独立して観測業務を行うことにより、主導権を握り続けた。

完成した天文台には、垂揺球儀（すいようきゅうぎ）や子午線儀（しごせんぎ）、象限儀（しょうげんぎ）など麻田学派によって開発、改良された新型の観測機器が並んでいた。これらの多くは間重富が京都や江戸の職人を指導して作った特注品で、製作経費の当初見積額が千両ほどになったため、報告を聞いた当局があまりの値段の高さに「もっての外」と言って経費削減を命じたという一幕もあった。そんな紆余曲折（うよきょくせつ）を経て完成した天文台には、当時の技術の粋（すい）を尽くしたハイテク機器がずらりと並び、さぞや壮観であったことであろう。

京都で始まった改暦事業にあたっては、天文方に加えて、土御門側も仙台や伊勢にいた弟子や暦師たちを呼び寄せて観測の補助などに当たらせた。しかし、すべてが順調に進んだわけではなかった。土御門方のサポート役として上京した人物には、西洋天文学の導入に危惧を抱いた者もいたという。さらに同僚である天文方も一枚岩でなかった。山路徳風は自らの意見を押し通すばかりで高橋中心の改暦事業を快く思っていなかったし、もう一人の吉田秀升は京都へ上る途中で病気のため江戸へ引き返し、ようやく翌年に上京したものの十分な仕事はできなかった。

特に問題となったのは麻田剛立が考案した消長法の採用であった。高橋は暦計算に必要な天文常数を求める方法として麻田の消長法を新暦法に取り入れようとしたが、山路は反対し、吉田も態度を明確にしなかった。これには高橋も困り果てた。その様子を知らされた江戸の間重富は「ご短慮をなされないことが専一です」と冷静になるように諫め、交渉を続けてもうまくいかない場合は「『暦象考成後編』という根本を失わないようにして、軍を引くことも必要でしょうか」と交渉を戦いにたとえながら、トラブルを起こして改暦事業自体が失敗しないようにアドバイスしている。しかし高橋の粘り強い努力が実り、消長法を用いて計算した方が古今の天体現象の時刻とよく合うことを納得させて、何とか採用にこぎつけたのである。

高橋と間は、その他にも新暦法に取り入れたいアイデアを持っていたが、全てが実現できたわけではなかった。しかし基本部分はほぼ希望通りに取り入れられたし、何よりも改暦事業自体が宝暦改暦時のように混乱することなく終了したのは、高橋の卓越した学識に加え、納得いく説明をした交渉力も大きな役割を果たしたと思われる。

かくして、『暦象考成後編』にある太陽と月の運動論と日月食理論を導入し、かつ麻田剛立の消長法を加えた新しい暦法が出来上がり、実測データとの比較も併せて編集した暦法書『暦法新書』を作成して朝廷に奏上、寛政九（一七九七）年一〇月一九日に改暦宣下、名を寛政暦と賜り、翌年から施行された。これこそ日本で初めて西洋天文学の知識を取り入れた暦法であり、宝暦改暦では実現しなかった徳川吉宗の夢が半世紀の時を経てようやく叶えられたのであった。また幕府は失っていた編暦権を取り戻し、さらに土御門家に対して暦法の伝授への制限を加えるなど、政治的な成果も得ている。この寛政暦は天保一五（一八四四）年に天保暦への改暦が行われるまで四六年間使われた。

改暦の成功と麻田学派が与えた影響

高橋至時と間重富は苦心しながらも新しい寛政暦法を作り上げた。寛政暦が施行さ

れた寛政一〇年の暦の冒頭には、

順天審象定作新暦　依例頒行四方遵用

（天にしたがい、すがたをつまびらかにし、定めて新暦を作る。例によりて頒行す（広く頒ちて行う）。四方遵用（あまねく従い使用）せよ）

と大きく書かれている。版行された暦を見て、二人は誇りに思ったことであろう。間重富が出した寛政一〇（一七九八）年三月二四日付の高橋至時宛の手紙を見ると、自らが歯の痛みに悩まされていること、高橋が前の手紙に家族の中で最初に風邪をひいたと書いていたことを受けて、

雨天が続き風邪が流行の由、まず第一番に御先陣とは御家柄御相応とまずは恐悦です。私の歯が痛んでいるのは、

依例甚痛四頬堪忍　（例によりて甚だ痛む。四頬堪忍せよ）

高橋公のは

依例流行四方順風　（例によりて流行す。四方順風）

と書いている。これは暦の冒頭に書かれていた文のうち「依例頒行四方遵用」の部分（写真20）を引用してパロディーにしたものだ。暦の文面を題材にした冗談が出るほどに、彼らは嬉しく思っていたのだ。

寛政暦への改暦事業終了後、高橋至時は天文方として江戸で研究を続けた。これにより麻田剛立以来大坂で培われた新しい天文学研究が幕府天文方に根づき、このあと幕末まで続く天文方の研究手法に大きな影響を与えた。改暦にあたって作られた天文観測機器は、京都の改暦御用所での観測が終わると浅草天文台に移設され、幕末まで天文方によって使われた。また、高橋至時の次男でのちに天文方渋川家の養子となった景佑（かげすけ）は、自分の弟子が免許皆伝となる際には、最後に麻田剛立と高橋至時が著わした計算法を奥義と

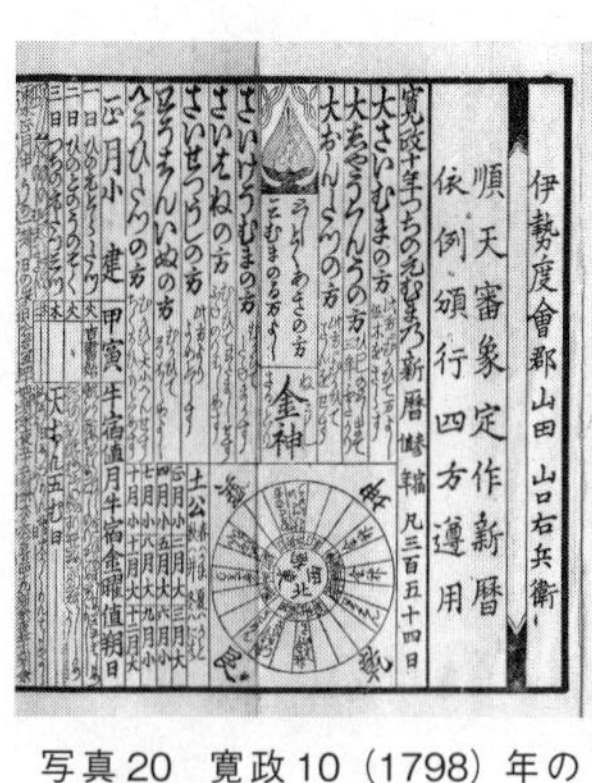

写真20　寛政10（1798）年の伊勢暦

して授けていたから、天文方内での麻田学派の影響は幕末まで続いたのである。

2 拡大する天文方の仕事――蘭書翻訳と伊能忠敬の測量事業

天文方と天文占

寛政の改暦事業が進んでいた頃、天文方の仕事にもう一つの変化が見られる。それは天文占である。先述したように、天文方は空で見慣れない現象が観測されたら天文占を行っており、例えば初代天文方である渋川春海は天文占の結果を徳川綱吉に注進していた。その後、八代将軍吉宗も寛保二（一七四二）年正月に彗星が出現したとき、西川正休に対してその吉凶を尋ねている。それに対して西川は、彗星は星ではなく地中の「燥熱（そうねつ）の気」、つまり乾いて熱い気が天に昇って生じたものであると解説し、「吉凶の義は陰陽師の徒の申す事にて、天文暦数には無き御座候ゆえ、吉凶相考え候儀は存じ申さず候」と申し上げたところ、吉宗も至極もっともだと考え、西川に吉凶のことは除いて星のことを考えて注進するように申しつけたという。吉宗といえば、前に見たように合理的な精神の持ち主であったが、それにもかかわらず天変地異に対して吉凶を知りたいと思っていたことは非常に興味深い。

吉宗の後の様子はよくわからないが、寛政の改暦事業のために高橋至時らが京都に赴任している間、江戸に残った間重富は天文占を尋ねられている。それは寛政九（一七九七）年のある日のこと、空の太陽と月が赤い色に輝いた様子が見えたので、天変地異ではないかと騒ぎになり、若年寄堀田正敦を通じて間重富にお尋ねがあったのだ。それに対して重富は、「かの天占を止め、理屈ばかり申し上げ」たという。つまり、天文占による吉凶は報告せず、太陽と月が赤く見える原理だけを報告したのだ。

このエピソードから、寛政期においても天文方は吉凶を尋ねられ、天文占の結果を注進していたことが知られる。しかし、生粋の暦学者であった間重富にとって天文占はまったく専門外であるだけでなく、まったく信じていないことから回答しなかったのだ。

その後は、彗星出現などの際に天文方が提出した報告を見ても、彗星の観測位置や正体などが述べられているだけで、天文占の記述が見当たらない。したがって、暦作りと並んで伝統的な東洋天文学の柱であった天文占に対する考え方が、天文方の中で時代とともに徐々に変化していき、寛政期からは重視しない流れが強くなった様子がうかがえるのである。

西洋天文学を求めて

寛政暦の施行により暦は格段に正確になった。日月食の時刻予報も、実際の現象と数分程度のずれに収まることがほとんどであった。しかし高橋至時は決して満足せず、暦法のさらなる改良に向けて精力的に研究を行った。現在、高橋の著書は四〇冊以上知られているが、そのほとんどは寛政改暦が終了した寛政一〇（一七九八）年から死去する前年の享和三（一八〇三）年までの六年間に書かれている。いずれも極めて専門的な研究書で、質量ともにそれまでの研究者を圧倒している。

研究の中で高橋が気にかけた事柄の一つは西洋天文学の直接導入であった。それまで中国天文書を通じて西洋天文学の一端に触れる中で、自分の研究を進展させるためには、西洋の天文書を読んで直接知識を吸収することが必要だと感じたのである。そこでオランダから輸入された科学書の入手に奔走した。前野良沢（まえのりょうたく）や司馬江漢（しばこうかん）といった蘭学者や、蘭学を好む幕閣などとも広く交流し、関係する書物を借りたりするなど情報の収集につとめたが、入手できるのは本格的な専門書ではなく一般向けの科学書程度であった。そのため西洋の天文学がどれほど進んでいたか、その全貌を把握することができないでいた。

ラランデ暦書の入手

その状況が一変するのは、至時が四〇歳になった享和三（一八〇三）年初めのある日のことであった。若年寄堀田正敦からあるオランダ書を示され、内容を取り調べるように命令を受けた。これこそが、のちの天文方の研究に大きな影響を与えた通称「ラランデ暦書」（写真21）と呼ばれる書物である。

ラランデ暦書とは、フランスの天文学者ラランド（一七三二〜一八〇七）が著した"Astronomie（天文学）"のオランダ語本である"Astronomia of Sterrekunde"（一七七三〜八〇年刊）のことを指す。著者のラランドはフランスのコレージュ・ド・フランス教授やパリ天文台長などを歴任した著名な天文学者であり、この『天文学』は当時の天文学全般を網羅した内容を持つ彼の主著で、一七六四年の初版発行以来改訂を重ねながら教科書として広くヨーロッパで読まれた書物であった。

高橋が見たオランダ語本は全五冊で、そのうち四冊の本編は各五〇〇ページほど活字による解説と数式が続いている。最後の一冊は計算に必要な表を集めたもので、これまた膨大な量である。高橋はついに長年捜し求めていた天文学の専門書と出会うことができたのである。

書物を受け取った高橋は一瞥して、「実ニ大奇書ニシテ精詳ナルコト他ニ比スベキナシ」と見抜き、借用した十数日間のあいだに興味ある部分を翻訳し、すぐさま研究

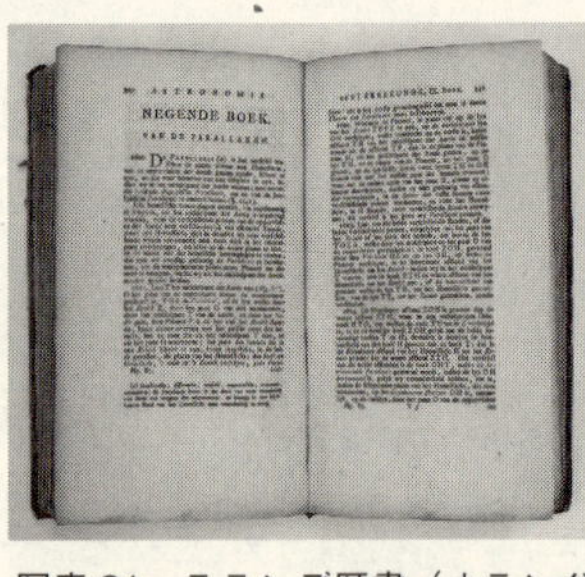

写真21　ラランデ暦書（オランダ語本）

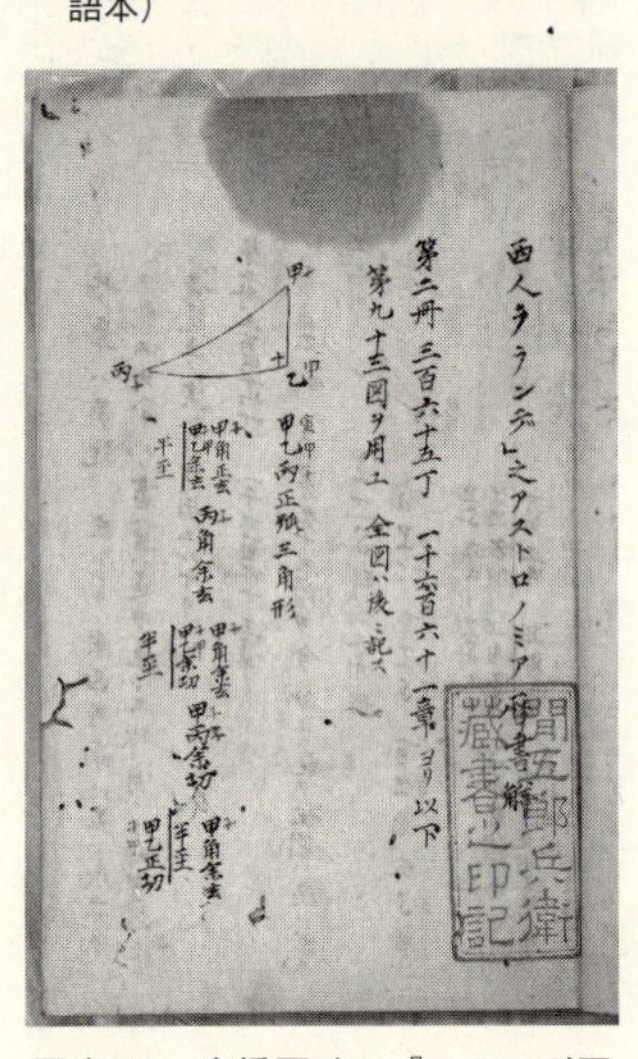

写真22　高橋至時の『ラランデ暦書管見』第一巻

ノート『ラランデ暦書管見』第一巻（写真22）と『ラランデ暦書表用法解』を著した。また、日食の計算法の改良も行った。そして高橋は、この本があれば『暦象考成後編』さえも必要ないと確信し、幕府に常置を願い出た。

しかしラランデ暦書は成瀬という人の個人所有であり、買い取りには八〇両という高い値段が提示されたため購入交渉は難航した。豪商であった盟友間重富も高橋から相談を受けたが、「わずかに八〇両。私もいつもならば、いかようにもご相談いたしますが、今回のことは何か取り込んでいるので、残心です」と幕府当局をとりまく話に口を出すわけにもいかなかった。高橋が我慢の日々を送りつつも働きかけを続けた結果、ついに幕府がラランデ暦書を購入し天文方の手に渡したのは七月であった。

高橋の寿命を縮めた翻訳作業

待ちに待った高橋は、念願の書を入手するやいなや、翻訳に没頭した。オランダ語能力が十分ではない中で理解できる内容に加え、数式や図を頼りに精力的に解読を試み、七月から一一月までのわずか五か月間に『ラランデ暦書管見』第二〜八巻をはじめとした研究ノートを著した。それらの稿本は現存するだけでも二〇冊ほどにもおよび、いずれも高度な専門的内容を持ち、合計ページ数は二〇〇〇ページ（一〇〇〇丁）ほどにもなるから、一人の研究者が短期間で書き上げたものとは信じられない量である。

自身の研究ノートで取り上げた主な分野は、日月食、視差、大気差、太陽・月・惑星の軌道要素と運動論、地球の大きさと形状、光行差、章動、ガリレオ衛星の食現象などで、これまで日本にまったく伝えられていなかった項目も含まれているから、至時の貪欲なまでの知的好奇心がうかがえる。しかし、数年前から肺結核によるものと考えられる「積気（せき）」（咳のこと）に悩まされていた高橋は、この極度に集中した翻訳作業のために体調を大きく崩し、ついに翌享和四（一八〇四）年正月、四一歳という若さで病死してしまった。ラランデ暦書という、ヨーロッパでも高く評価された最新の教科書に触れ、近代天文学の奥深さを垣間見たが、その全貌を捉える道半ばのことであった。

天文方の高橋家は至時亡き後もラランデ暦書の翻訳を継続することとなった。至時は語学の壁と研究期間の短さのために、興味ある部分を大雑把に理解するにとどまったが、実際の暦作りに生かすためには、オランダ語で書かれた内容を正しく理解するという高いハードルが待ち構えていた。そのため、ラランデ暦書の内容を取り入れた天保暦への改暦を実現させるまで四〇年余りもの歳月を要している。高橋が晩年に始めた研究が、その後の天文方の主要課題となったのである。

伊能忠敬の全国測量計画

専門的な業績が多い高橋至時の仕事で最もよく知られているのは、精密な日本地図を作成したことで知られる伊能忠敬を指導し、測量を監督したことである。

伊能忠敬は下総佐原（しもうささわら）（いまの千葉県香取市）で造り酒屋を営む商人で、若い頃から測量術や暦学にも興味を持っていたといわれる。五〇歳になって隠居したのを機に江戸に出て、暦学を学ぶために高橋至時の門を叩いた。当時、至時も改暦御用で江戸に出てきた直後で、まだ天文方に昇進していなかった。経済的に裕福であった忠敬は至時の経済的なサポートも行ったようで、入門からしばらくすると至時の天文方昇進が発令され、将軍御目見（おめみえ）のために槍（やり）や大紋（だいもん）などの道具が必要になった際、その費用を提供したという。

高橋至時の指導で最先端の天文学に触れた忠敬は猛烈に勉強した。ある時、忠敬が寝てもさめても『暦象考成後編』に基づいて二、三年分の日食や月食の計算を熱心に行っているのを見た至時が、たわむれに忠敬を「推歩先生」（推歩とは暦の計算のこと）と呼んだというエピソードがある。また、豊富な財力を用いて自宅には象限儀や子午線儀などの高価な観測機器を揃え、幕府天文台顔負けの様子であったという。しかも外出先にいても天体観測の時間が近づくと急にそわそわしはじめ、懐中物を忘れて慌てて自宅に戻ることもしばしばであったというから、かなりのめり込んでいた様子がうかがえる。

そんな忠敬が全国測量を始めるきっかけになったのは、師の至時が地球の大きさを知りたいと思っていたことであった。実際に大きさを知ろうと思うと、長い距離を測量しなければならない。具体的には子午線一度の長さを実測により求め、地球を完全な球体と考えれば地球の外周が計算でき、直径も知ることができる。だが当時の幕藩体制下では各藩の領地を通って長い距離を測量することは簡単ではなかった。そこで考え出されたのが蝦夷地測量であった。

この頃、蝦夷地にはロシア船がやって来て、通商を求めたり日本の貨物船を奪ったりしており、穏やかな状況ではなかった。そこで幕府は、最上徳内や近藤重蔵を派遣したり、堀田仁助の蝦夷地測量を指令したりするなどして現地の状況の把握に努めていた。高橋至時は、その状況を利用して伊能忠敬を派遣することを考えたのである。江戸と蝦夷地は南北の緯度差が大きく、子午線一度の長さを知るのには好都合であった。しかし幕府に対して本来の目的を申し立てても許可は出ないであろうから伏せたままにしておき、あくまでも蝦夷地測量を行うことで願い出た。そして幸い申請は許可されたものの待遇は悪く、測量はあくまでも試行としての実施であった。

また支給される手当は一日当たり銀七匁五分という額で、日々必要な経費からははるかに少額であったからほとんど自腹であった。もちろん必要な測量機器の調達や準備にかかる費用も自前である。さらに幕府から道中の各宿駅へ申し渡された便宜も、忠敬一行への人足や馬の提供だけで、かかる費用の免除はされていない。つまり実際に測量を担当する忠敬が、大きな経済的負担をも一人で引き受けたのである。

一七年間におよんだ全国測量

かくして寛政一二（一八〇〇）年閏四月一九日、伊能忠敬を含めた六名の測量隊一行は江戸深川黒江町の自宅を出発し、奥州街道を測量しながら北上、五月二二日に函館に到着し、その後は南海岸を東へ進んで、八月七日に根室近くのニシベツまで到達した。そこから引き返して、一〇月二一日に江戸に無事帰着したのであった。約一八〇日におよんだこの測量で、忠敬は出発時に一〇〇両を持参したが、帰着した時点で残っていたのはわずか一分（一両の四分の一）であったという。幕府から支給された手当は二二両余りであったから、八〇両弱は自費だった。

帰着した忠敬から報告を受けた高橋至時は予想以上の成果に感心し、間重富への手紙に「凡そ四三二里を、少しも残らず足数（歩測による歩数のこと）を測って帰りました。道筋の屈曲は指南針（方位磁針）で方位を測り、そのほか所々の高山も測って帰りました。これらは全て私が指図したことですが、これほどにデータが揃うとは思いませんでした。よくやり切りました」とその努力を称えている。そして測量の結果を地図にまとめて幕府に献上したところ、その正確さが高い評価を受けた。

その結果測量は継続されることとなり、忠敬は最終的にのべ一七年間に及ぶ測量を実施することとなる。その間、着実に成果があがるのに伴って幕府の待遇は少しずつ良くなり、享和二（一八〇二）年に出発した第三次測量あたりから必要経費のほとんどは幕府からの支給でまかなえるようになった。さらに、文化元（一八〇四）年には東日本測量図が将軍家斉(いえなり)の上覧を受け、その後忠敬は幕臣に取り立てられるとともに、翌年の第五次測量からは幕府の直轄事業に格上げされたので、スタッフや費用、出先での待遇などの心配は無用となっている。

全国測量は文化一三（一八一六）年に終了し、いよいよ全データを用いた地図作製にとりかかったが、伊能忠敬は作業途中の文化一五（一八一八）年に七四歳で亡くなった。そこで遺されたスタッフが事業を継続し、ついに文政四（一八二一）年、長年の成果が『大日本沿海輿地全図(だいにほんえんかいよちぜんず)』として完成、幕府に献上されたのであった。現在「伊能図」と呼ばれるこの日本地図は、北海道と九州の一部にわずかな誤差が見られるものの、非常に正確なものであった。それは忠敬が高い測量技術を持っていたことはもちろん、測量で滞在した各地で天体観測を行って緯度を求めて地上測量の誤差を補正するという天文学者ならではの手法を用いていたことも大きな要素であった。

それ以外にも、忠敬が大事業を完成させることができた裏には、高橋至時が幕府を取り巻く状況を把握して測量実施を働きかけた政治力があったことも見逃してはいけないだろう。

では、高橋と伊能の本来の目的であった地球の子午線一度の数値は得られたのだろうか。忠敬は寛政一二（一八〇〇）年に行った蝦夷測量（第一次測量）の結果、子午線一度として二七里という値を得た。翌年の第二次測量では二八・二里を得て値を修正した。しかしそれを見た高橋は少し値が大きすぎるのではないかと考えて信用しなかった。そしてもっと確実な値を得ようとして盟友の間重富も巻き込んだプロジェクトを考え出すことになるのだが、それについては次章で述べることにする。

3 地動説への取り組み

日本に入ってきた地動説

さて、暦学に話を戻そう。高橋は寛政の改暦終了後の研究テーマの一つとして、地動説の研究に取り組んでいる。前章でも紹介したが、西洋天文学の流入により天文学者たちは単に暦作りに必要な天体の見かけの運行だけを考えるのではなく、その動きを引き起こす宇宙の構造についても考えるようになった。彼らが目にした『崇禎暦書』などの天文書には、イエズス会士が伝えた天動説（地球中心説）が紹介されていた。その後、蘭学の流入とともに入ってきたのが、宇宙の中心は太陽であるとするコペルニクスの太陽中心説、つまり地動説であった。

地球は宇宙の中心で静止しているのか、それとも太陽の周りをまわっているのか。この問題は一五四三年にコペルニクスが『天球の回転について』で地動説を提唱して以来、ヨーロッパでは単に天文学上の範囲にとどまらず、ガリレオの宗教裁判に代表されるように大きな問題となった。一方の日本では、社会を巻き込む問題を生じることなく、高橋の時代には天文学者以外の人々にも知られるようになっていた。

日本で最初に地動説が紹介されたのは一八世紀後半のことで、発信地は長崎であった。文献としては、長崎でオランダ通詞（つうじ）を勤めていた本木（もとき）良永（よしなが）（一七三五～一七九四）が安永三（一七七四）年に著した『天地二球用法』が嚆矢（こうし）といわれる。この本は、オランダの地図製作者W・J・ブラウが作成・販売した天球儀と地球儀につけた手引書『天球儀および地球儀に関する二通りの教程』を翻訳したもので、この中で本木は地動説について簡単に触れている。その後本木は、時の老中松平定信からG・アダムスの『通俗基礎太陽系天文学』を翻訳するよう命を受けて献上した『星術本源太陽窮理

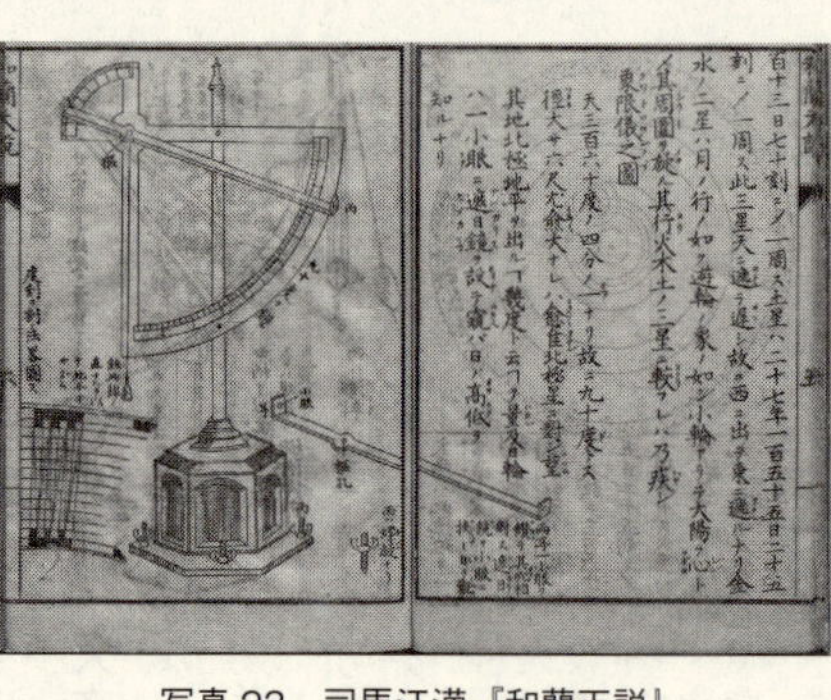
百十三日七十刻ニシテ一周ス土星ハ二十七年一百五十五日二十五
刻ニシテ一周ス此三星天ニ遅ク遅シ故ニ西ニ出テ東ニ遅ルヽナリ金
水ノ二星ハ月ノ行ノ如ク逆輪ノ象ノ如シ小輪ナリテ太陽ヲ心トシ
其周圍ヲ旋ル其行火木土ノ三星ニ較レハ乃疾シ
象限儀之圖
天三百六十度ノ四分ノ一ナリ故ニ九十度ナリ
其地北極地平ヲ出ルヿ数度ト云フ
ハ一小眼ニ遠目鏡ヲ設テ窺ハ日ノ高低ヲ
知ルナリ

写真23　司馬江漢『和蘭天説』

了解新制天地二球用法記』（一七九三年）でも、再び地動説を紹介している。

その後、地動説を本格的に研究したのは、やはり長崎にいた志筑忠雄（しづきただお）（一七六〇〜一八〇六）である。志筑は安永五（一七七六）年にオランダ稽古通詞に就任したが、翌年には病気を理由に退職してしまい、以後は蘭学研究に没頭した。そしてイギリス人天文学者ジョン・キール（John Keill, 一六七一〜一七二一）の著書のオランダ語訳本（キールによる「物理学入門編」「天文学入門編」など六編の著作を集めて一冊にまとめたもの）を翻訳し、『暦象新書』（一七九八〜一八〇二年）を執筆した。志筑はその中で地動説を詳しく紹介している。またニュートンの引力説なども理解しており、近世日本において天体力学を理解し得た数少ない科学者の一人とされる。

オランダ語を専門とする人たちが紹介した地動説は蘭学ブームも手伝って短い期間

で国内に広まった。特に一般の人々への地動説普及に努めた人物が、日本で最初に油絵を描いたことでも有名な司馬江漢（一七四七〜一八一八）である。江漢は本木良永の影響を強く受けたようで、寛政五（一七九三）年の『地球全図略説』を皮切りに、寛政七（一七九五）年の『和蘭天説（おらんだてんせつ）』（写真23）、文化五（一八〇八）年の『刻白爾天文図解（こっぺるてんもんずかい）』など、いくつかの著作で地動説を紹介している。江漢は専門家ではなかったので初期の著作では一部分に間違った記述も見られるが、彼の著書は一般向けの蘭学書として広く読まれたこともあり、地動説が紹介された初期における普及に一定の役割を果たした。

地動説に対する高橋至時の見解

一方、暦学者が用いていたイエズス会士系天文書では、宣教師たちが所属していたイエズス会の教義に反する地動説は扱われず、天動説に基づいた天体運動理論だけが紹介されていた。そこへ本木良永らによって地動説が伝えられたわけだが、大坂の麻田剛立やその弟子たちは地動説に敏感に反応し、注目していた。

高橋が地動説に対して意見を表明したのは、寛政の改暦事業が終了した直後の寛政一〇（一七九八）年に著した『増修消長法』である。これは、寛政暦に取り入れられた麻田剛立の消長法が理論的な説明を欠いていたので、自ら解説を試みた書物である。

従来の天動説では、宇宙の中心にある地球は静止しているものとし、天体の見かけの動きの原因は全て天体の運動によるものとしている。一方で高橋は、麻田剛立の消長法にある数々の天文常数の変化の原因は、地球が運動していることで説明できると考えた。そしてそれは、地球を動くものと考える地動説への賛意へとつながっていく。

また高橋は、その他の現象を説明する際にも、天動説よりも地動説を使った方が合理的であると考えた。その根拠の一つが歳差とよばれる現象である。歳差とは、春分点と秋分点（いずれも天の赤道と黄道の交点）が黄道上を一年に約五一秒角ずつ西へ移動するという現象であり、現在ではその原因は地球の自転軸が約二万五八〇〇年周期で首ふり運動をしていることによるものであるとわかっている。

一方、天動説において歳差は恒星固有の運動とされ、すべての恒星が黄道極を中心に一年に五一秒角ずつ運動するとしていた。しかし高橋はこの見解に疑問を抱き、「広大な高さに位置する恒星たちが、太陽系内にある小さな地球に従って一斉に同じ運動をするとは考えがたい」「もし恒星が移動するならば、太陽も同様に毎年五一秒ずつ動くはずだ。それなら地球や惑星も同じ動きをするはずだから、動くものから動くものを見ても相対的に動きを認識できない」と述べ、歳差というのは恒星そのものの運動ではなく、地球の運動によって生じているのだと結論づけている。そうすれば地球というたった一つの天体を運動させるだけで現象を説明することができて、わざわざ数万個の恒星を運動させる必要がなくなるのである。至時は日ごろから「自然のしくみはシンプルであるはずだ」という持論を持っていたので、この説明も自らの考えに合致すると考えたのだ。

惑星の運動からみた天動説と地動説

高橋が地動説を支持したもう一つの理由は、それまでの天動説で惑星軌道を説明すると複雑なものになったのに対し、地動説で惑星軌道を描くとシンプルになると考えたからである。

『崇禎暦書』では、二つの天動説モデルが紹介されていた。一つめは天文学者プトレマイオスが二世紀に著した『アルマゲスト』で取り上げたいわゆるプトレマイオスの体系で、宇宙の中心は地球でその周りを月、水星、金星、太陽、火星、木星、土星、恒星の軌道が同心円状に取り囲むとする（写真24）。そして二つめが、前章で紹介したティコ・ブラーエの体系（以下、ティコの体系と呼ぶ）で、一六世紀の天文学者ティコ・ブラーエが提唱したものである。これは宇宙の中心は地球で、そのまわりを月、太陽、恒星がめぐる。そして水星、金星、火星、木星、土星はすべて太陽を中心に公転しているとする体系で、いわばプトレマイオスの体系とコペルニクスの体系を折衷したものである。

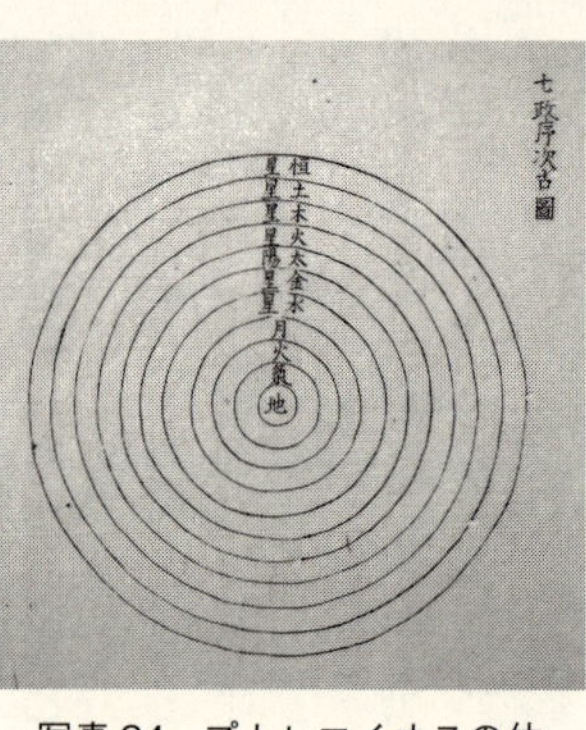

写真24　プトレマイオスの体系（古図）。ティコの体系は第二章写真13参照

ティコの時代、既にコペルニクスの地動説が世に出ていたが、まだ観測的に検証されてはいなかった。もし地球が太陽の周りを公転しているならば、地球の動きに伴って周囲の恒星の見える位置が少し変化する「年周視差」が観測されるはずである。そこでティコは望遠鏡発明以前の時代における最高の技術で観測を行ったが、とうとう検出はできなかったことから、天動説に基づく新しい体系を提唱したのである。

ちなみに『崇禎暦書』では、プトレマイオスの体系とティコの体系の二つが図で説明されていて、前者を古図、後者を新図と呼んでいる。そして暦学的には後者の方を採用すべきという見解を示している。

これら二つの体系を概念図として描くと一見シンプルなように見える。しかし実際は、このような簡単な軌道図では天体の動きを正確に説明することはできなかった。というのも、地球から見た惑星の運動は、早くなったり遅くなったり、また時に逆行と呼ばれる反対方向への動きを見せるなど複雑だからである。そこで、周転円理論と呼ばれる複数の円軌道を組み合わせたシステムを使ってそれら天体の不等速運動を説明していた。

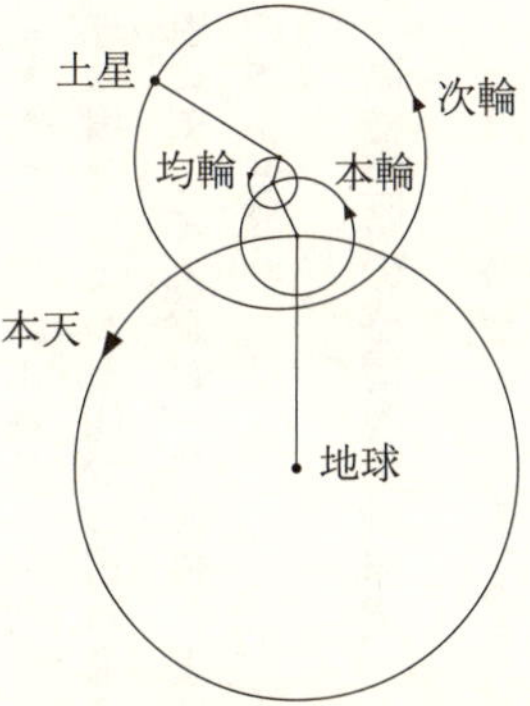

図1　『暦象考成』の土星の軌道モデル図

一例を示すと、図1に示したのが『暦象考成』における土星の軌道モデル図である。地球は天の中心に位置し、そのまわりに「本天」とよばれる円軌道（導円）がある。そして本天上に中心を持つ円軌道「本輪」（周転円）があり、さらに本輪上に中心を持つ周転円「均輪」、均輪上に中心を持つ周転円「次輪（りん）」があって、土星はこの次輪上を運動していると考えるのである。このように、地球の周りをまわる四つの円軌道を組み合わせなければならず、計算も煩雑である。それに対して高橋は、地動説に基づけばこれら惑星の運動も簡単に説明できると考えたのである。

高橋至時の惑星運動論研究

高橋は改暦後、この惑星運動論の研究を主要課題の一つとして取り組んだ。その理由は、寛政の改暦時に積み残した課題の一つであったからだ。

当時存在が知られていた五つの惑星（水星、金星、火星、木星、土星）が空のどの位置に見えるかを求める計算法は「五星法（ごせいほう）」と呼ばれ、暦法においては太陽と月の位置計算法や日月食の予報計算法と併せて記載する必要があったが、『暦象考成後編』は惑星運動論を扱っていなかった。そのため寛政暦法では太陽と月の軌道にはケプラーの楕円理論を導入したものの、惑星については古い『暦象考成』にあった周転円理論を採用せざるを得なかったのだ。

このことから高橋は改暦後、楕円理論を導入した惑星位置計算法を作り上げることに力を注いだ。そして問題の解決に取り組むには、どの天の体系を採用するかという問題を避けて通ることができなくなっていた。

しかし研究は困難を伴った。ベースとなる『暦象考成』の五星法は統一感に欠けるもので、水星と金星は地球の周囲を公転する太陽の周りを運動するとした一方、火星と木星、土星は地球を中心に運動するとして推算法を立てていた。いわば前者ではティコの体系を、後者ではプトレマイオスの体系を用いていたのだ。そのため、まずは各惑星の推算方法に見られる一つ一つの軌道の意味を解析した上で、楕円軌道を導入しなければならなかったのである。

そこで高橋は、このイエズス会士系天文書の欠点を指摘した中国の暦学者梅文鼎の先行研究を参考にして、複数ある周転円軌道には大きく分類して次の二種類があることを突き止めることができた。まず一つめは、太陽の周囲を公転する各惑星が不等速運動をしていることを説明するために導入された軌道で、楕円軌道を導入すれば一本の軌道で表現することができる。そして二つめは、太陽を中心に公転する惑星の軌道を地球中心軌道に変換する際に導入された軌道で、天の体系の変換により解決することができる。

この解析に成功した高橋は、自らの著書で明言してはいないが、暦学上では天動説と地動説といった天の体系の違いは座標変換の問題として考えることが可能であること、そして楕円軌道論と地動説を用いれば、地球を含めた惑星はすべて太陽を中心とした一本の楕円軌道上を運動することで説明できることを理解していたと思われる。単なる概念としてではなく暦学者として地動説を適用する準備を整えたのだ。

取り入れられなかった地動説

このような考察をした高橋は、楕円理論を導入した新しい五星法の整備に取り掛かった。しかし、地動説の導入は行わなかった。享和三（一八〇三）年春に著した『新修五星法図説』を見ると、プトレマイオスの体系に基づいてすべての惑星は地球の周りをめぐるとして軌道論を立てている。その後、同年七月にはかねてから執筆していた惑星の運動理論書『新修五星法』を改訂してプトレマイオスの体系を破棄した。しかし、そこで彼が採用した五星法の軌道論はティコ体系の天動説に基づいたものであり、コペルニクスの地動説ではなかったのである。

では、なぜ高橋は地動説を導入しなかったのだろうか。その理由の一端をうかがえる記述が、『新修五星法』の中にある。よく見ると、計算方法を記述する中に次のような一文がさりげなく書かれているのである。

近日、西洋人はことごとくコペルニクスの地動説に従うという。この説に見られる、地球を動くものとする説は頗る人々の疑怪を引く。故に、いまはやはりティコの旧説に従う。

つまり、高橋は地動説を検討した上で「ティコの旧説」つまりティコの体系を採用しているのである。ティコの体系は、寛政暦のベースとなった『暦象考成』が採用すべきものとしている体系であるから、高橋が新しい五星法に取り入れる分には、なんら問題は発生しない。むしろ寛政暦全体の整合性を考えれば好都合である。それにもかかわらず、わざわざこのような記述を加えたのは、高橋が地動説を暦法に採用できず苦悩していたからではないかと考えられる。

では、高橋が気にした地動説に対する「人々の疑怪」とは何であろうか。残念ながら具体的な説明はされていない。あえて推測するならば、「地球が猛スピードで太陽の周りを公転すれば激しい風が起こり、地上にある全ての物は吹き飛ばされてしまうのではないか」というような物理的な点であったのかもしれない。これはガリレオをはじめとしたヨーロッパの天文学者たちも取り組んだ問題であったが、高橋はそれらの情報まではキャッチしていなかったから、相手を納得させることができるような回答を持っていなかったのではないだろうか。

ともあれ、暦学者である高橋ならば、暦計算の上における単なる理論の一つであるとして物理的な言及を避けた上で、地動説を暦法に採用することも可能であっただろう。それを世間の人が疑怪を引くという理由から採用を諦めるということは、高橋が旧来の暦学者的な見方ではなく、一歩広い視野で地動説を見ていたことを物語っている。

高橋至時の研究の継承

四一歳という若さでこの世を去った高橋至時は、改暦事業のため江戸に出てから亡くなるまでの一〇年間で、天文方のレベルを飛躍的に向上させた。また一人の天文学者としてのレベルも、国内では他に肩を並べる者がいないほど突出していた。

一方、高橋自身の業務や研究課題は増大していた。監督していた伊能忠敬の測量はようやく東日本を終えたばかりであったが、その評判が上がるにつれて、事業規模も大きくなりつつあった。さらに、不備の残った寛政暦に代わる新しい暦法を作るための研究は、ラランデ暦書の入手で大きく前進したが、翻訳も含めて今後どの程度の研究量が必要なのか、まだ見通すことができる段階にも達していなかった。

研究が高度化し、行うべき業務もどんどん多くなっていく中、亡くなった至時の跡を継いで天文方に就任した長男景保（かげやす）はまだ二〇歳と若く、父が行っていた業務を引き継ぐには力不足だった。そこで景保のサポート役に指名されたのが、至時の盟友間重富であった。改暦事業が終わった後、大坂に戻って幕府天文御用を勤めていた重富は急遽江戸に呼ばれ、景保と二人体制で新しい天文学研究のあり方の模索を開始した。

第四章　変わる天文方の仕事——間重富・高橋景保の奮闘

1　町人学者の改暦参画――間重富

変わる天文方の仕事、変わる天文学への興味

高橋至時と間重富が寛政の改暦へ参画したことにより、西洋天文学の知識を取り込んだ暦法や精度の高い天体観測機器が作られた。それに加え、改暦後に高橋が拠点を江戸に移したことにより、天文方では西洋天文学の計算理論と天体観測法を取り入れた新しいスタイルの研究が本格化した。『崇禎暦書』以降の中国天文書の研究は同時に宇宙に対する研究者たちの見方も変えた。天体の位置や現象が正確に予報できる暦を作るために、幾何学モデルで運動を計算するようになった。さらには地動説と天動説といった宇宙の構造にまで考えをめぐらすようになったのである。

前章で見たように、『暦象考成後編』の知識を十分に使いこなすレベルに達した高

橋至時は、次にオランダ渡りの天文書から直接知識を吸収しようと努力した。この当時、既に医学の世界では蘭書を翻訳して『解体新書』などの成果が出ていたが、天文学については長崎のオランダ通詞らによる翻訳が行われていた程度であった。そんな中、高橋はラランデ暦書に出会い、蘭書を通じて西洋天文学を吸収する道を切り開いたのである。高橋は半年余り取り組んだ後に亡くなったが、これをきっかけに天文方は研究に色々な蘭書を使うようになり、やがて彗星の研究や天王星の観測といったような暦学と直接関係がない分野にまで幅広く取り組むようになる。

蘭書の解読で必要となるのはオランダ語の知識である。だが天文方が本格的にラランデ暦書の翻訳に取り組もうとした段階では、オランダ語学習は天文方の「お役目」の範囲外であるという理由から業務として認められなかった。そこで何とかオランダ語の学習を公認してもらおうと、ある「秘策」を練った。幸いにその作戦は成功したが、同時に本来の業務に加えて天文学とは異なる仕事も担うことになる。

天文方の仕事内容に大きな変化が見られたこの時期に、中心的な役割を果たしたのが高橋至時の長男景保と、至時の盟友間重富であった。本章ではこの二人を中心に、拡大していく天文学研究と天文方の仕事ぶりを見ていくことにしよう。

質屋を営む町人天文学者

間重富は、通称を十一屋五郎兵衛ともいい、宝暦六（一七五六）年に父重光の六男として大坂で生まれた。寛政の改暦の功績により苗字帯刀を許され間姓を名乗った。幼名は孫六郎、字は大業、長涯と号した。兄が相次いで亡くなったため、父が没した明和八（一七七一）年に家を継いだ。家業は十一屋という質屋で、重富は大坂市中の質屋年寄も勤めるなど、大坂を代表する商人の一人であった。ちなみに十一屋という屋号は、蔵が一一あったことに由来するが、重富はのちに一五に増やしたことから「十五楼」という雅号を用いている。

重富は幼い頃から機巧の才に長け、一二歳の時にはすでに渾天儀を作って人を驚かせたという。その後一七、八歳には坂正永に算学を学び、二一、二歳の頃からは家業の余暇に天文学の書物を読むようになったが、本格的に研究を志すようになったのは二九歳、麻田剛立に入門したのは三二歳の時であった。高橋至時とわずか数か月違いでの入門である。

観測機器の開発・改良

現代の天文学者を大雑把に分類すると、天体やその現象の観測を専門とする観測天文学者と、観測で得たデータに基づいて法則や構造などを研究する理論天文学者に分けられ、研究者仲間では親しみを込めて前者を「観測屋」、後者を「理論屋」と呼んでいる。この分類を当てはめると、高橋至時が数理研究を得意とした理論屋で、間重富は観測技術に才能を発揮した観測屋と表現してもよいだろう。

中でも重富は、機械に詳しかったことから観測機器の設計開発や改良に力を注いだ。その代表的なものに、天文観測用の振り子時計「垂揺球儀」(写真25)がある。時計といっても現在時刻を表示するのではなく、振り子の振れた回数を表示するカウンターである。そのため時刻を求めるためには、ある日に太陽が南中した瞬間のカウント数と翌日の太陽南中時のカウント数をそれぞれ観測で求め、この一日間のカウント数を基準とする。そして、その一日の間に起こった、時刻を記録したい現象の瞬間のカウント数を記録し、先に述べた丸一日のカウント数と按分(あんぶん)して時刻に換算する必要があった。したがって、観測と同時に時刻を知ることはできず、ひと手間が必要とされ

写真 25　垂揺球儀

写真 26　象限儀

た。

しかしながら、垂揺球儀の使用により観測時刻を詳細に記録することができるようになった。重富らが使っていたものは、一日で振り子が約六万往復していた。したがって、観測の際に振り子一往復単位で測定すれば、現在の時間で約一・四秒まで測ることができる。さらに機械の精度自体も向上していて、一日の誤差はわずか数秒程度であったという。

また「象限儀」（写真26）という、天体の地平線からの高度を測定するのに用いる観測機器もある。天体の高度測定用の分度器とでも表現すればよいだろうか。象限儀自体は以前から使われていたものだが、間重富が寛政の改暦時に製作して京都の観測所に設置したものは、半径が六尺五寸（約一九七センチメートル）もある大型のもので、天体の位置を正確に測定できるように望遠鏡も組み込まれていた。さらに角度を読み取る部分には、『新製霊台儀象志』を参考にしてダイアゴナル目盛という方式を採用し、角度で三〇秒（一度の一二〇分の一）まで直読することができるようになっていた。

その他にも、重富は数多くの観測機器を発明、改良し、精密な天体観測ができるように工夫している。またそれらの機器を用いた新しい天体観測法も考案しており、観測精度の向上に大きく貢献した。

寛政改暦への間重富の貢献

さて、麻田門下の高橋と間が寛政の改暦事業に参画することができたのは、当時最新の『暦象考成後編』を入手していち早くマスターできた点が大きいのだが、この本を手に入れることに成功したのが間重富であった。第二章で述べたように、所有していたのは桑名藩主の松平忠和である。そのような有力者からどうやって入手したのかは不明であるが、重富が改暦に携わる七、八年前に所用で江戸に行った際、松平忠和と親交のある加川元厚という医師と交流したことがきっかけだと推測される。忠和は天文暦学や算学に詳しく、自ら研究者として活動していたことも交流を手助けする要因の一つであろう。

重富はまた、幕府が改暦の意思を強く持っていて人材を広く求めるつもりであること、具体的には麻田剛立が任命されるだろうという情報を事前にキャッチした。これも忠和からのルートかもしれない。そしてそれを知った重富が取った行動は、何と京都の土御門家に入門することだった。幕府に呼ばれる半年あまり前、寛政六(一七九四)年八月のことである。

重富が入門したのはなぜだろう。この件について重富は後年に書いた手紙の中で「かねて土御門家の様子などを調べ置いた」と簡単に述懐しているだけなので、詳しい目的はわからないが、大坂の地では遠い江戸の情報を入手しにくいので土御門家を通じて改暦の動きを自ら探ろうとしたのかもしれないし、忠和のような幕府側から内々で調査依頼があったのかもしれない。

ともあれ、重富は土御門家に入門を果たすのだが、一方の受け入れ側である陰陽頭土御門泰栄(やすなが)は、重富が何らかの目的を持って入門していたことも知らずに入門の許状を渡し、日記には「間五郎兵衛。質屋の惣年寄、天文学で高名な者が今日予に入門した」「幸甚、幸甚」と書き記し、入門を素直に喜んでいた。

江戸で改暦をサポート

そして翌寛政七（一七九五）年三月、重富は高橋至時とともに暦学御用による江戸出府を命じられたが、病気のため五月一六日になってようやく大坂を出発し、六月に江戸に到着、着任した。出府中の二人に対する手当として、重富には五人扶持(ふち)ならびに年間二十五両が月割にて支払われた。一方、至時は三人扶持ならびに年間十五両であったから、何と重富の方が良い待遇だった。至時は幕臣であったから既存の給与体系に則った手当額だったかもしれないが、いずれにせよ幕府が重富を信頼していた様子がうかがえる。

さて、江戸に出た二人はさっそく大坂から持参した垂揺球儀や子午線儀など最新式の観測機器類を設置して六月一七日の月食を観測し結果を報告した。その後、彼らが

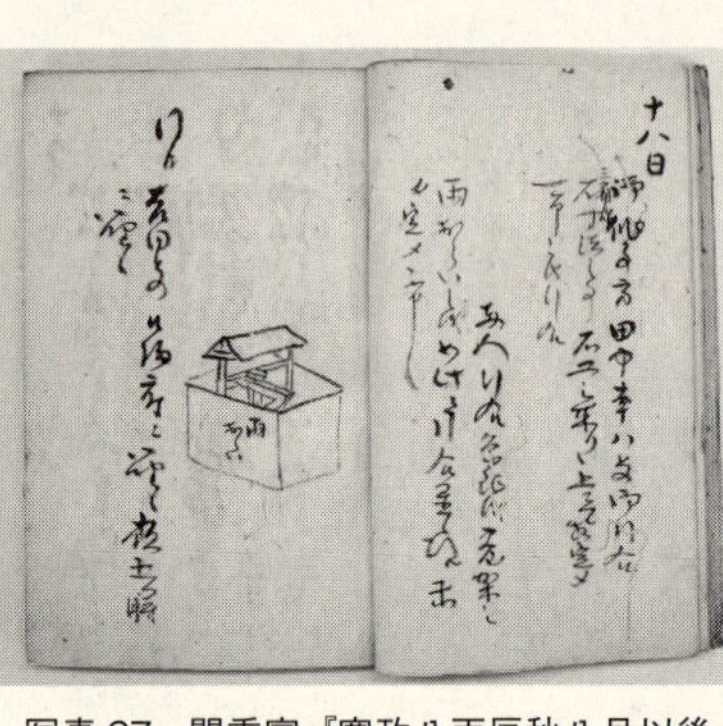

写真27　間重富『寛政八丙辰秋八月以後日記控』

使用していた新式の観測機器類を新たに製造するように当局から命ぜられ、また古今の暦法の精粗や最適の暦法について問われたので『暦象考成後編』の法が一番良いと報告した。そして一一月一四日に至時が天文方に昇進しているから、仕事は順調に進んだようである。

寛政八（一七九六）年八月、いよいよ新暦法の案も完成して準備が整ったので、幕府は天文方に改暦を命じ、山路、吉田、高橋の三天文方が改暦の実務のために京都に出張することになった（前章参照）。間重富が書いた当時の日記（写真27）を見ると、三人が京都へ出発する直前に土御門の弟子数人の情報などを記して幕府当局に提出した報告書の下書きが残っている。幕府側は間重富の持つ情報をフル活用していたのである。

天文方の三人が出張している期間、間重富は江戸に残って新暦法のチェックや天体観測、観測機器の製作の指揮などに携わった。松平忠和から私蔵の『暦象考成後編』

も借り受けて万が一に備えてもいる。新しい暦法を作るための知識や技術は、高橋と間の二人しか持っていなかったのだから、彼の裏方としてのサポートが改暦事業をより円滑にしたのは間違いがなかろう。そして寛政九（一七九七）年秋、無事に改暦事業が終了すると、重富には褒美として白銀二十枚、苗字御免、五人扶持、大坂町内に屋敷が下賜され、大坂へ帰着した。久しぶりに故郷に帰ってくると、重富は時の人として、市中の大きな話題になっていたという。

改暦業務終了の際、重富は天文方から、今後大坂において日月食をはじめ、惑星食、星食、彗星などの天体現象を観測してその都度報告するなど、天文方業務のサポートを行うように命じられたので、江戸との研究交流が続けられた。加えて、天文方として江戸で研究を続ける高橋至時とプライベートでも頻繁に連絡を取り、親友として交流を絶やさなかった。

2　伊能忠敬の全国測量異聞

伊能忠敬の全国測量と間重富

改暦後の寛政一二（一八〇〇）年、江戸の高橋至時は伊能忠敬による測量事業を開始した。実は、このプロジェクトと間重富とは深いつながりがあった。伊能プロジェクトは昼間に地上を測量するだけではなく、夜に天体を観測してその土地の緯度を決定し、地上測量による誤差を補正しようとしたことを特徴とする。その天体観測に用いた象限儀や垂揺球儀といった機器は間重富が開発、改良したものである。しかしそれだけの関係にはとどまらない。実は、西日本の測量は間重富が担当していた可能性があったのだ。

伊能忠敬は寛政一二（一八〇〇）年の第一次測量で蝦夷を、翌享和元（一八〇一）年の第二次測量では伊豆と本州の東海岸を測量したあと、享和二（一八〇二）年には第三次測量として東北の日本海沿岸を測量する準備を進めていた。ちょうどその頃、間重富が全国測量プロジェクトに参加する準備ともいえる仕事が高橋至時の手で進められていた。享和二（一八〇二）年に行われた「西国里差出地等測量一件」事業である。

ここでいう里差とは経度差のこと、出地とは緯度のことで、現代語に訳すと「西日本経緯度等測量プロジェクト」となるだろうか。その具体的な中身は、間重富が長崎の経緯度を測定するために出張するというものであった。きっかけは当時発行されていた毎年の暦には、日月食の予報時刻を含め京都でのデータしか記載されていなかったことである。そこで幕府は、江戸や長崎等の都市におけるデータも暦面に記載する方針を決定し、間重富が計算の基礎データとなる長崎の経緯度を測定することになった。

地上測量を行いながら長崎へ

間重富の長崎での任務は、恒星観測と、八月一日の日食と一五日の月食の観測データを集めて長崎の経緯度を決定するというものであった。加えて、悪天候により天体観測ができなかった時のために、補助的手段として大坂から長崎までの道中を測量し、二地点間の経度差を求める計画も盛り込まれた。ところが、高橋至時と間重富の二人はアイデアをどんどん出し合い、伊能忠敬が測量で採用していたものと同じ仕様の測量機器一式を新たに製作したのをはじめ、往路は街道筋を測量し、復路は下関から大坂までの海岸線を測量するという、補助的役割とは思えないくらい本格的な計画を立てたのであった。高橋は、日月食はたとえ悪天候で観測できなくても、地上測量のデータから長崎の経度は算出できるだろうと考え、さらには地球の大きさを知ることができるとも考えていたようだ。

準備段階での議論が深まる中で、間重富の心意気を頼もしく感じたのだろう。高橋も長崎出張の件を当局に粘り強く交渉したようで、その結果間重富の出張待遇は伊能忠敬の当初の待遇より高いものとなり、支度金三〇両に道中手当五〇両、さらに道中移動には人足五人と馬三匹が用意されることとなった。さらに公務出張の証文（しょうもん）が発行され、道中の宿代も公務割引が適用された。

一方の伊能忠敬は、寛政一二（一八〇〇）年に出発した第一次測量での手当は一日あたり銀七匁（もんめ）五分、翌年の第二次測量では一日あたり銀一〇匁が支給されたものの、道中の人足や馬の代金は忠敬が自前で支払うという状態で、享和二（一八〇二）年の第三次測量になりようやく六〇両の手当金が支給され、人足・馬の代金も無料となるなどの待遇が得られている。しかしまだ幕府からの証文は発行されなかったので、忠敬は重富の待遇を羨ましがって至時に何度も嘆いたものの、至時は実績を積めば証文も発行されるだろうと諭したというエピソードが残っている。

閑話休題。二人による周到な準備の後、間重富は六月三日に長崎に向けて出発したのだが、残念ながら八月一日の日食、一五日の月食の両方とも悪天候のため観測することができず、出張の主目的は達成することができなかった。さらに道中の測量についても、帰路の途中で重富が体調を崩したため中断を余儀なくされ、いったん大坂へ帰る事態となった。こういった状況から、恒星の南中高度測定から長崎の緯度を決定できただけで、経度に関してはまったくデータを得ることができないという結果に終わってしま

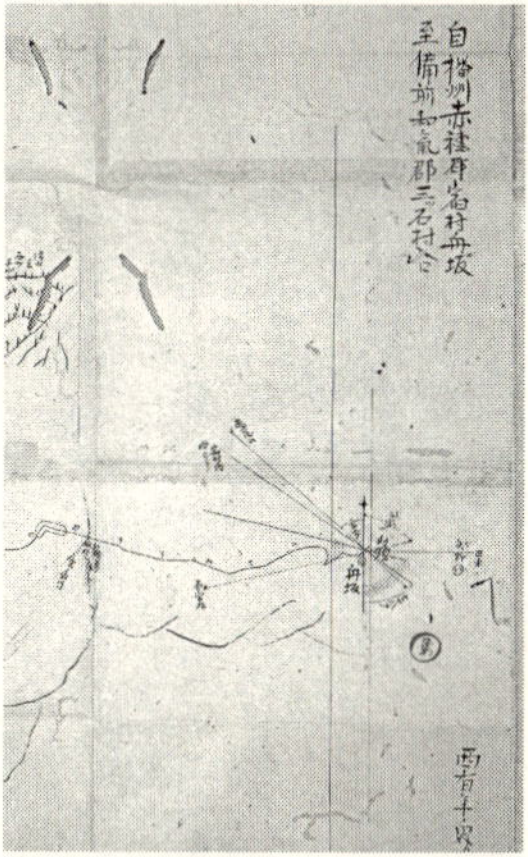

写真28　間重富『西国筋街道実測図』（部分）

ったのである。

なお、この出張時に行われた測量については、その様子を知ることができる資料がほとんど現存しておらず、わずかに長崎へ行く途中で描いたと考えられている兵庫県上郡(かみごおり)町から岡山市まで辺りの測量図一一枚が伝えられているのみである(写真28)。

間重富の西日本測量計画

この長崎出張は、もともと現地で日食と月食を観測するというもので、地上測量はあくまでも補助的なものとして計画が始まっていた。ところがどんどん大がかりになったばかりか、出発前の準備段階でさらに大きなプランが浮かび上がってきたのだが、それには背景があった。

高橋至時の監督下で測量を始めた伊能忠敬は、前述したように、子午線一度の長さを知るという目的を持っていた。そして忠敬は、まず寛政一二(一八〇〇)年の蝦夷地測量で子午線一度が二七里という値を得たが、さらに翌年からの相模・伊豆・本州東海岸測量では二八・二里という値を算出したので自説を修正した。しかし、最新の値を報告された至時はすぐには信用しなかった。その理由は、測量道中には平地や山間地など土地の高低があるため、忠敬が算出した値は本来より大きい値になっているはずで、実際は二七里半程度ではないだろうかと考えたからだ。しかし算出値に自信を持っていた忠敬はこれで正しいと主張するので、次の測量でも精密に測量をするよう指示したものの、至時としてはどうも納得がいかなかった。

そのような状況で重富と二人で長崎出張を準備する最中に、高橋至時は伊能忠敬が算出した子午線一度の値への不満を打ち明けたのである。それを聞いた間重富は、自ら測量を行って真の値を算出したいと考えるようになったらしく、長崎出張が終わったら京都から紀州まで南北に測量して、子午線一度の長さを実測しようと決意して至時への私信で伝えた。そして至時も同意し、もし長崎出張でデータが得られないようならば、幕府に対して働きかけるようにしたいと返答している。

しかし、重富は天候不順や病気のため長崎出張で思うような成果が得られなかった。そこでいったん大坂に帰った後は体調の回復を待って再び西国測量に出向く準備をし、機会をうかがっていた。一方の至時は、その間にもどんどん計画を膨らませていき、西国測量が終わったら京都から紀州を測量し、その次には九州や四国の測量までも任せようと考え、重富に対し「御丈夫になられたら、九州、四国等を担当してもらえるように働きかけたいと思っています。今年の測量でお試しの上、ご意見をお聞かせ下さい」と手紙で打診をしている。この手紙では続けて、忠敬の算出した子午線一度の値に至時が納得できなかったことや、「勘ケ由（伊能忠敬の隠居名）はご存じの気質で、どうかすると粗になるかもしれず不安です」と述べるなど、忠敬をまだ全面的に信頼するにはいたっていない様子がうかがえる。そのような中で、長年の盟友であった重富の協力が得られるのは願ってもないことだったようだ。

こうして高橋至時は、伊能忠敬が東日本測量を、間重富が西日本測量をそれぞれ担当するという構想を立てたのである。つまり、伊能忠敬単独の業績として有名な全国測量プロジェクトは、伊能忠敬と間重富の二人が分担していたかもしれないのだ。

幻となった計画

しかしこの計画は実現しなかった。再出発の準備を進めていた重富であったが、享和三（一八〇三）年三月に自宅が類焼にあって測量器具の多くが焼失したため出発延期を余儀なくされた。さらに、翌享和四（一八〇四）年正月には、測量を監督していた高橋至時が病気により死去してしまった。しかも至時の跡を継いで天文方となる予定の長男高橋景保はこの時まだ二〇歳で、父の業務を引き継いで仕事が十分にできる状態ではなかった。そこで間重富が景保の補佐役として江戸に招かれて天文方高橋家の業務全般を見ることになったのである。これにより積み残しの課題となっていた西国測量はもちろん、至時が計画していた近畿や西日本の測量も含めて伊能忠敬が担当し、間重富の手を離れることになった。

ところで高橋至時が疑問として抱き続けた子午線一度の問題はどうなったのだろう。享和三（一八〇三）年にラランデ天文書を入手した至時は、その中にある地球の形状と大きさを論じた記述を翻訳し、地球は楕円体であることを知るとともに、北緯三八度における子午線一度の長さを二八・二里と算出した。これは伊能忠敬が求めた値とぴったり一致していたのである。結果を見た二人は大いに喜び合い、忠敬は師匠の全面的な信頼を得ることができたのであった。

3 オランダ語と天文学──蛮書和解御用

間重富、再び江戸へ

高橋至時の死去に伴い、間重富が江戸出府を命ぜられたのは文化元（一八〇四）年三月のことであった。しかし前年からの病気が長引いていた重富はすぐに出発することができず、全快するのを待って九月に大坂を発ち、一〇月に江戸に到着した。

天文方に着任した間重富は、天文方を監督する若年寄堀田正敦が申し渡した辞令を受け取った。そこに書かれていた内容は、天文方御用を勤めることと、高橋景保に付き従って至時の遺した研究を継続し完成させることの二点の任務を行うという実に簡潔なものであった。しかし高橋至時が行っていた業務は通常の天文方の仕事に加え、伊能の全国測量プロジェクトやラランデ暦書の研究など専門的かつ多岐にわたっていた。それらをサポートし、さらに天文方の業務に慣れていなかった長男の景保の教育も必要であったから、その任務は重いものであった。

一方で、商人であった重富は正式なスタッフではなく、天文方を所管する若年寄から手伝いを命じられたいわば嘱託の身分であった。そのため、担当した業務は全て高橋景保の仕事として扱われ、名前が公に出てくることはなかった。それでも寛政の改暦を成功に導いた実績を有していた間重富に対する幕閣の信頼は絶大で、堀田正敦は重富に対して「高橋景保の仕事について意見がある時は、直接具申してもよい」という許可を内々に与えていたのである。実質上、天文方高橋家の運営を任されたと言ってもよい待遇と言えよう。そして実際に、その期待に違わない活動をしたのである。

ラランデ暦書の翻訳を継続

重富の主要任務の一つがラランデ暦書の翻訳継続であった。高橋至時は、翻訳に取り組んだ半年あまりの間に『ラランデ暦書管見』などの翻訳稿本を数多く著したが、全文を翻訳したわけではなく、自らが理解できる箇所や関心のあるところなどの抄訳にとどまっていた。そこで重富は計画的に仕事を進めていった。まず高橋が遺した稿本の整理を行い、次にラランデ暦書を第一章から全訳する方針を立てた。そしてオランダ語が読めない中で辞書を頼りに訳を作っていった。現在でも一部分の翻訳草稿が伝わっていて、それを見ると文章は非常にぎこちなく意味が通じない箇所も所々あったりして、苦労した様子がしのばれる。

さらにはラランデ暦書は幕府内に一セットしかない貴重本であることから、重富は写本を作成することを天文方に願い出て、費用の補助を受けている。文化一〇(一八一三)年に高橋暦局が火災に遭い、ラランデ暦書原本が焼失した際には、天文方はこの写本で当面の御用を行ったという。

このようなラランデ暦書に関する業務は間重富が一人で担当していたようだ。外国語を学ぶ環境が整っている現代とは異なり、当時はオランダ語を学習する人はほとんどいないし、教科書や辞書なども皆無に近い状態であった。そんな中、まったくオランダ語を知らなかった重富は、蘭学者やオランダ通詞からアドバイスを受けたとは思われるが、基本的には独力で翻訳を試みたわけで、多くの苦労があったことだろう。この翻訳業務は重富が大坂に帰った後は天文方スタッフに引き継がれた。

世界地理の研究

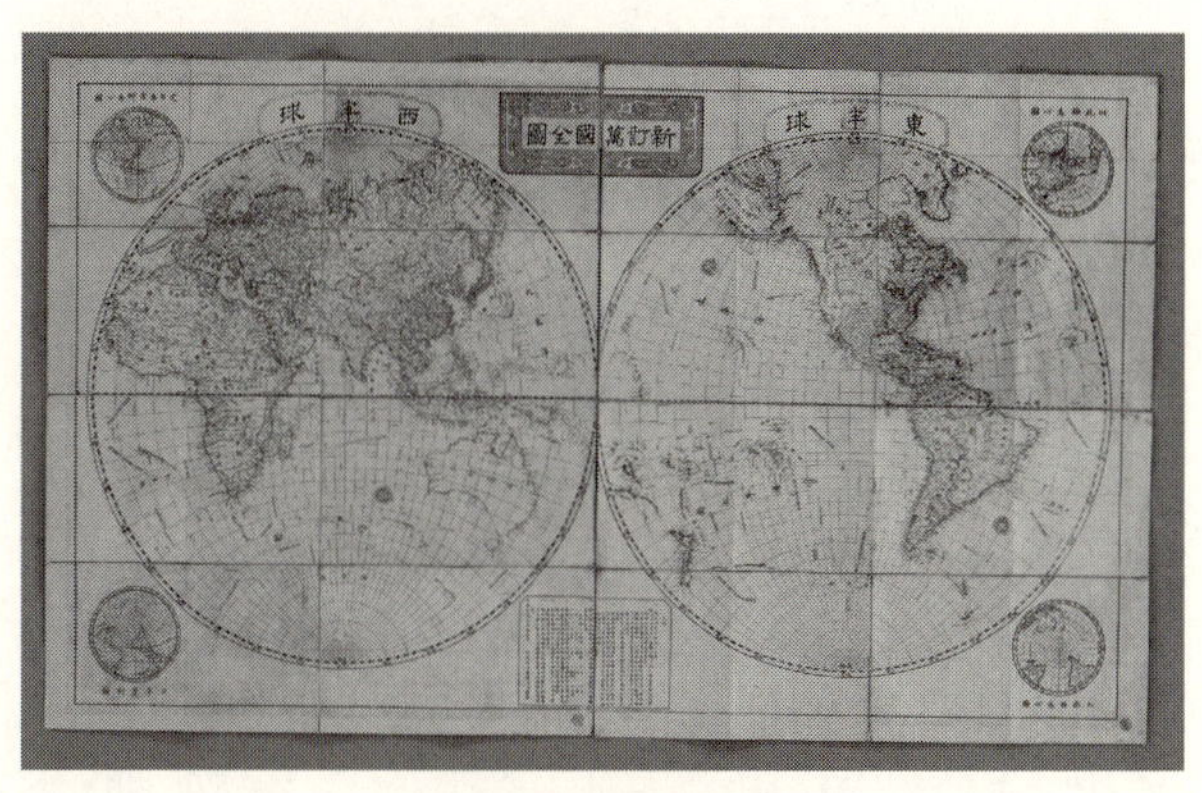

写真29　『新訂万国全図』

出府中の間重富の仕事の中でユニークなのは世界地理の研究である。文化三（一八〇六）年には、船で伊勢から江戸に向かう途中で漂流したのちロシアに渡り帰国した大黒屋光太夫が持ち帰った世界地図を調査・翻訳した。

これがきっかけになり、高橋景保が翌文化四（一八〇七）年一二月に外国書をベースにして世界地図の編集を行うように幕府から命令を受けている。その成果として完成したのが、文化七（一八一〇）年刊行の『新訂万国全図』（写真29）である。この地図は、西洋や中国の地図を参考にし、さらに間宮林蔵のカラフト調査の成果も取り入れ、カラフトを島として描いた日本初の地図であり、当時の海外の最新地図と比較しても遜色のないものに仕上がっている。

この地図取調業務には間重富も関与しており、世界地図の翻訳・改訳などを行ったり、大黒屋光太夫と会ってロシア語を読ませたりした。これらの活動によって間重富は地理学にも通じ、同時代における優れた地理学者の一人と評されている。

天文方を翻訳センターに

世界地理に関する調査を通じて、高橋家の仕事に一つの大きな変化が起こりつつあった。実は高橋景保が命じられた世界地図編集業務は、間重富が内々で幕府上層部に意見具申して取り計らいをしていたのだ。さらに文化五（一八〇八）年には高橋景保が幕府に寄せられた外国文書の翻訳業務を行うよう命じられているのだが、これも、最初は幕府内の医者が命ぜられる予定だったところを、重富が内々で意見具申して高橋暦局で引き受けたのである。

ではなぜ重富は、暦作りを任務とする天文方に外国文書の翻訳業務を導入しようと考えたのか。それは、オランダ語に詳しくない彼がラランデ暦書の翻訳に携わる中で、これからの天文学研究にはオランダ語知識が不可欠であることを痛感したからである。

外国との交流が制限されていた当時の外国語学習環境は現代とは比べ物にならないくらい貧弱なもので、オランダ人は身の回りにおらず、オランダ語に堪能な日本人もほとんどいない。また日本人が書いたオランダ語学習の書物もほとんどないという状態であった。それに加え、幕府内の「お役目」の考え方では、暦作成を本業とする天文方が、業務と直接関係ない外国語を学習することは認められなかった。そこで一計を案じた間重富が、外国文書を翻訳するという業務を天文方が引き受けることにより、オランダ語を業務として学習できる環境を整えようとしたのだ。

その後も高橋景保は外国文書翻訳の業務を拡大させ、文化八（一八一一）年には外国文書翻訳センターともいうべき蛮書和解御用を設置するよう幕府に建議し認められている。これはフランス人ショメールが著した『家事百科辞典』のオランダ語訳本を翻訳するとともに、外国文書を翻訳する業務を行う機関で、オランダ通詞の馬場貞由や蘭学者の大槻玄沢らがスタッフとして入っている。

この蛮書和解御用は高橋景保の主要業務の一つとなっただけでなく、その後、組織は洋学所、蕃書調所、開成所など何度も改称され、明治に入ると開成学校となり、今の東京大学に発展しているのである。天文方の中で小さく始まった外国文書の翻訳や海外情報の把握の仕事が、幕府にとって日を追うごとに重要性が増していくのを見ると、間重富が与えた影響が非常に大きいことがわかる。

間重富の晩年

高橋至時亡き後、間重富は当代最高の研究者として活動しただけでなく、天文方の研究環境を整えるなど運営面での才能も発揮したが、後者はやはり長年の質屋経営で培われた経験と才覚によるものだろう。

そして着任から五年経った文化六(一八〇九)年四月、高橋景保の成長を見届けた間重富はいったん大坂へ帰った。その間のユニークな仕事は、いわゆる「古尺取調(こしゃくとりしらべ)」と呼ばれる度量衡(どりょうこう)の調査である。江戸滞在中に世界地理の研究をしていた重富は、西洋と日本の尺度を比較する必要から、日本における古今の尺度を知っておく必要があると考え、文化六(一八〇九)~文化七(一八一〇)年に京都、奈良、大坂の古寺をめぐり、所蔵されている古い遺物を調査したのである。調査にあたっては、遺物のスケッチを描くために二人の画家を記録係として同行させているが、そのうちの一人が有名な谷文晁(たにぶんちょう)であったというから驚きである。

間重富は、大坂に帰った二年後には再び江戸に戻って天文方御用を務める予定であったが、体調を崩したことから出府を免除されることとなった。これを機に自らが担当していたラランデ翻訳などの業務も免除され、第一線を退いている。

質屋の主人という肩書だけからは想像もできないような活躍をした町人学者間重富であったが、六〇歳を迎える前から病気で伏せることが多くなり、文化一三（一八一六）年三月に六一歳で亡くなった。長男の間重新（しげよし）が家督を継ぐとともに、天文方御用も引き続き命じられ、その後も間家は重遠（しげとお）、重明（しげあき）と四代にわたって幕末まで御用観測を続けた。

4　広がる天文学研究——彗星と天王星

西洋天文学への傾倒

さて、天文方による最前線の研究が、至時から重富を経て景保にバトンタッチされた時期は、天文方の研究が大きな変化を見せた時期でもある。寛政の改暦からしばらくの間は中国天文書が研究のベースであり、そこに時折入ってくる洋書から断片的な情報が取り入れられてきた。一方、本格的な天文書は入手することができず、啓蒙書が重要な情報源とされていた。さらに天文方の人びとはオランダ語の知識もほとんどない状態であったから、十分な知識も得られなかった。

その後、前述の通り至時はラランデ暦書を見るにおよんで「これさえあれば『暦象考成後編』はなくとも事欠かない」と確信し、本格的に取り組み始めた。そして至時の死後、間重富の指導によりラランデ暦書の翻訳を最重要課題の一つとした天文方高橋家は、急速に西洋天文学の直接導入に傾倒していくのである。

彗星の正体をさぐる

ではここで、この時期に大きな進展を見せた例として、天文方の彗星に関する研究を取り上げてみよう。

夜空に時々現れる彗星は、長い尾を引いて輝く姿が印象的な天体である。現在では、彗星は氷やチリでできた太陽系小天体の一種であることや、尾を出すしくみ、さまざまな軌道を持っていることなど、多くのことが明らかになっている。しかし、彗星の正体が明らかになるまでには長い時間が必要であった。

西洋では、古代ギリシアの哲学者アリストテレス（紀元前三八四〜紀元前三二二年）が、彗星は大気内で起こる気象現象で、乾いた空気が集まって燃えた光であるという説を考えており、長らくヨーロッパで信じられてきた。その後一六世紀後半になって、デンマークの天文学者ティコ・ブラーエが一五七七年に出現した彗星を観測して、彗星は大気圏内の現象ではなく、月よりも遠いところの太陽系天体であることを明らかにした。それに伴い科学者たちは彗星の正体や、彗星が宇宙空間をどのように運動するかを研究するようになった。

彗星には、楕円軌道を持ち周期的に太陽に近づく周期彗星と、双曲線軌道や放物線軌道を持ち一度きりしか太陽に接近しない非周期彗星があるのだが、人類が周期彗星の出現を予測できるようになったのは一八世紀になってからのことで、そんなに古い話ではない。

最初に予測された彗星が有名な「ハレー彗星」である。彗星を研究していたイギリスの天文学者のエドモンド・ハレー（一六五六〜一七四二）は、一六八二年に出現した彗星を観測し、彗星が太陽の周りをまわる軌道を計算した。そして古い記録に見られる彗星の中から似たような軌道を持つものを見つけ出し、これらは一つの彗星が繰り返し現れたのだと考えて、その彗星が七六年ごとに太陽に接近する周期を持ち、次は一七五八年に出現するだろうと予測したのである。残念ながらハレー自身は彗星の回帰を確かめることなく一七四二年に亡くなったが、彼の予測は的中して彗星が出現したので、人々はこの周期彗星を「ハレー彗星」と呼ぶようになった。その後、彗星の体が氷やチリでできていることが明らかになったのは、彗星の光を虹に分けて解析する分光観測がさかんになった一九世紀以降のことであった。

一方、日本や中国においては彗星の正体は不明のままで、長らく天文占の対象として扱われていた。第一章で述べたように、貞享改暦を成功させた渋川春海も、幕府天文方の業務として出現した彗星の吉凶を占い、将軍に結果を注進した記録が伝わっている。

その後、一七世紀後半に輸入された『天経或問』には、彗星は太陽光によって熱せられた地上の土が乾燥して火気を生じて天に昇って集まったものであるという、ヨーロッパの説が紹介されていた。この説は一定の影響力を持ち、彗星は自然現象の一つであるという認識がされるようになった。彗星が出現した際に奏上された陰陽寮や天文方による天文占にもこの説が記されるようになり、少しずつではあるが、単に天変地異として出現が恐れられるだけではなくなってきた。

とはいうものの、彗星を見て悪いことが起こる前兆と考えたり、また逆に豊作の前触れと考えたりと、彗星と地上での出来事とを関連づける考え方は根強かった。

高橋暦局の彗星研究

そのような時代の中で、彗星の正体を本格的に知ろうとしたのが高橋暦局のスタッフであった。研究開始のきっかけは、文化四（一八〇七）年と文化八（一八一一）年に肉眼でも明るく見える彗星が出現したことである。特に後者は長い尾を持つ大彗星で、夜空で七月末から一一月までの間輝いていた。そのため多くの人がその姿を見て、大きな話題となった。恐らく天文方にも吉凶を含む多くの質問が寄せられたのであろう。それに対する回答として高橋景保たちが取った行動は、天文占を行うのではなく、彗星の正体を科学的に徹底研究することだった。

まずは精密な観測である。彗星がどのような動きをするのかを知るために象限儀や八分儀(はちぶんぎ)や新制の赤経線儀(せきけいせんぎ)などの観測機器を使い、日々の位置を精密に観測するための工夫を行った。その次は文献調査で、漢籍や蘭書にある彗星の記述を調査したのである。

そして、文化八(一八一一)年の彗星出現からわずか一か月後の八月には高橋景保が『彗星略考』(写真30)という解説書を著している。ここでその内容を見てみよう。

まず景保は、いにしえより彗星が出現したら災厄が起こる兆しだとされていることや、『天経或問』の説などを挙げた上で、これらはみだりに荒唐無稽の理を説いているに違いないと断じている。次に近年伝えられた西洋天文書の説として、彗星は惑星と同様に太陽の周りを楕円軌道でまわる天体であることや、彗星の尾は太陽と反対側に伸びること、彗星の尾が長く見えたり短く見えたりするのは地球と彗星の位置関係によることなどを紹介している。

また、彗星の正体については二つの説があるとしている。一つは、彗星本体は油気を含んだ硬い物質で、太陽に近づくと熱によって油気が熱せられて光を発し、さらに蒸散して尾となるという説である。もう一つは、彗星は自ら光を発しているが太陽の強い光にかき消されてしまっていて、わずかに彗星本体の影によって太陽光が当たっていない部分の光だけが見えているという説である。この点について景保は、「両説のどちらが正しいかは知らない。恐らくは後説が少し正解に近いのではないだろうか」と述べるにとどまっている。

さらに景保は、「ラランデ暦書には彗星に関する詳説があるが、まだ翻訳していないので、すぐには内容を知ることができない。近頃、彗星を見て以来、詳しい説を知りたいと強く思うようになったので、他の翻訳の手を休めて彗星の部分の翻訳を始めた。完成すれば呈上したい」と述べ、ラランデ暦書を第一章から順に翻訳する作業を休止し、彗星に関する章を優先的に翻訳していることを明らかにしている。高橋景保にとっては、彗星に関する正体を知っておくことは、それほど急務なことであったのだ。

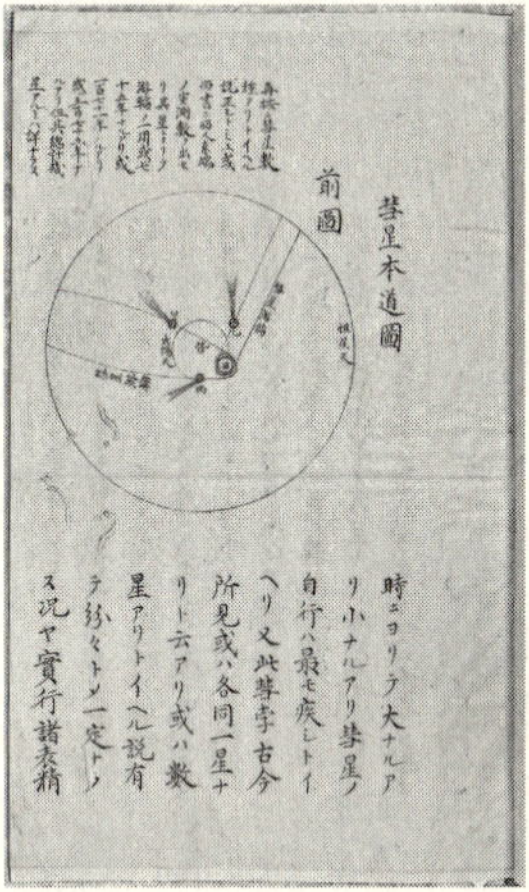

写真30　高橋景保『彗星略考』

景保周辺でも連動した動きがあり、翌九月には間重富も『彗星概説』を著し、高橋景保の下で蘭書の翻訳に携わっていた馬場貞由はイギリスのベンジャミン・マーティンの書を翻訳して『泰西彗星論訳草（たいせいすいせいろんやくそう）』を著している。

天王星の観測

もう一つの例として、天王星観測を挙げる。太陽系第七惑星である天王星は、太陽から約二九億キロメートル離れたところを公転していて、地球からだと肉眼で見えるギリギリの明るさである。一七八一年にイギリスの天文学者ウイリアム・ハーシェルが望遠鏡を使って発見している。

天王星発見の情報がいつ日本に入ってきたのかは不明であるが、江戸の天文方では文化四（一八〇七）年に間重富が長崎から来たオランダ通詞馬場為八郎が持っていた蘭書を見て「URANUS」という新しい星があると知り、「此レ今初テ視ルノ新説ナリ。推歩暦書ヲ見ヅ。故ニ未タ其実ヲ知リ難シト雖（いえど）モ、必ス違フコト無キト思ワル。後年暦書貢来セハ大幸ナラン」と記している記録がある。

その後、天王星という星があるという情報は広がっていたようで、「ウラニュス」「ユラニュス」「烏刺奴斯」などと表現されていた。文政五（一八二二）年には、天文方が江戸にやってきたオランダ商館長一行に面会した時に、山路諧孝（ゆきたか）が「ユラニス星は今年何宮ニアルヤ」として、現在の天王星の見える位置はどこかという質問をしている。この頃は星の存在自体は知っているが、詳しい位置情報までは知らなかったようである。

その後、渋川景佑（かげすけ）は文政七（一八二四）年にイギリスで発行された航海暦（航海する船舶が自船の位置を知るために行う天体観測に必要なデータを記載した本）に、天王星の位置情報が掲載されているのを見つけた。そこでデータに基づいて観測が行われ、同年四月には江戸で観測に成功したという。

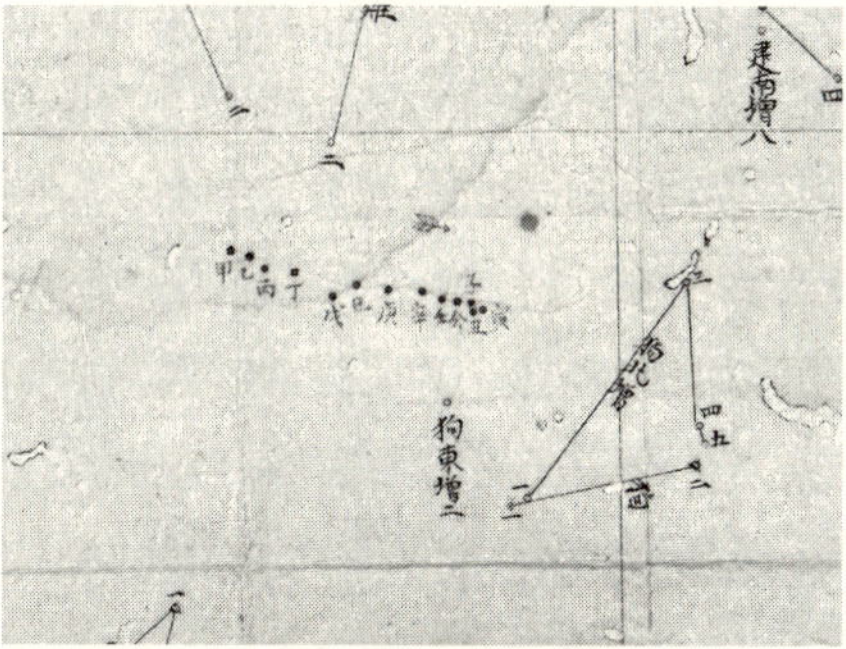

写真31　間重新『烏剌奴斯実測図』（部分）

　さらに景佑は大坂で天文方御用を勤めていた間重新にも位置データを送って、天王星を観測するように依頼した。データをもらった間重新はラランデ暦書などを参考にして機器を新調して観測に臨み、文政九（一八二六）年四月二七日から八月三〇日までの間に観測に成功している（写真31）。

　ちなみにこの時、天王星は、いて座領域で輝いていた。明るさは約五・六等。肉眼でかろうじて見える明るさではあるが、実際の観測には望遠鏡が必須だ。しかも付近には恒星も輝く中で天王星を判別し、ゆっくりと星座の中を移動していく様子をとらえるのは至難の業であった。現存する重新の観測記録には、江戸から送られてきた天王星の位置データと観測値が合わないことをしきりに気にしながら観測していた様子も記されている。

広がっていく宇宙への関心

このように、景保時代の高橋暦局の天文学研究はラランデ暦書の翻訳を中心とした暦学研究をはじめ、彗星や天王星の観測など多岐にわたっている。そして主要な情報源はオランダから輸入された西洋書であった。長い間続いていた中国書ベースの研究から西洋書の利用へと一歩踏み出したのである。

ところで、これまで見てきた彗星の研究や天王星の観測は、天文方にとってどういう意味を持っていたのだろうか。彗星については、当時まだ吉凶と深い関係があると根強く信じられていた状況の中で、彗星の正体を解明して吉凶とは何ら関係のないものであることを明らかにしようという意図があった。では、一方の天王星はどうだろう。資料が伝わっていないため詳しいことはわからないが、単純な知的好奇心だけから自らの業務にしたとは考えにくい。あえて推測するならば、西洋からどんどん伝わってくる新しい天文学の情報への対応だったのかもしれない。

というのも、西洋書が数多く輸入されるようになって、蘭学者をはじめとした人たちが独自に天文学の新しい情報を入手していたし、書物を通じて紹介するようにもなっていた。天王星の場合も、存在するという情報だけなら一八一〇年代半ば頃にはある程度広まっていたと考えられている。つまり、天文方が最新の天文学情報を独占できる状態ではなくなっていたのだ。そのような中で、天文方が何も情報を把握していないとなると専門家としては不都合であるが故に、天文方の主要業務の範囲外である研究を行っていたようにも考えられる。

いずれにせよ、結果として高橋景保たちは、古代から続く伝統的な暦学と天文占という枠を破り、西洋書を通じて広い視野を獲得するようになっていったのである。

麻田派第二世代へ

重富が亡くなったことにより、江戸幕府の天文学は高橋景保とその弟景佑（天文方渋川家の養子となる）を中心とした次世代へ引き継がれた。

西洋天文学の優位性をいち早く見抜き、自由な発想で新しい天文暦学の道を切り開いた麻田剛立。理論研究に長け、ラランデ暦書とも真摯に向き合って西洋天文学の直接導入を行った高橋至時。卓越した技術で観測を精密化させ、また政治力を発揮して天文方の業務に発展をもたらした間重富。三人とも強烈な個性の持ち主で、だれか一人でも欠けていれば、天文方の研究が近代化するスピードは随分変わっていたかもしれない。この三人が、中国の伝統暦学一辺倒の時代から西洋天文学の成果を取り入れる時代へと移り変わりつつある時期にベースを作りあげ、それを引き継いだ高橋景保や景佑らの第二世代の研究者が、西洋天文学に根ざした暦作りの完成を目指すことになるのである。

一方で、時代の流れを利用して業務を拡大していった天文方は、次第に幕府内でのさまざまな政治的な思惑と無関係でいることはできなくなり、純粋に学問に打ち込んでばかりではいられなくなってゆくのであった。

第五章　西洋と東洋のはざまで——江戸の天文学の完成期

1　シーボルト事件と天文方

幕末の波に揺れる天文方

ラランデ暦書の入手をきっかけに本格的にオランダから輸入された洋書を通じた研究に取り組んだ天文方は、本務である新しい暦法作りだけでなく天王星や彗星にも興味を示すなど少しずつ視野を広げていった。

同時に、高橋景保は蛮書和解御用を建議し天文方の業務を拡大してゆくが、結果として多忙により天文学の研究に専念できなくなってゆく。代わりに景保の弟で名門渋川家に養子に入った景佑が中心となって専門的な研究が行われ、ラランデ暦書の翻訳成果を取り入れた改暦への準備も整えられた。その一方で、景保は海外から届くさまざまな文書の翻訳や情報収集に携わるが、やがて研究者として発揮していた純粋な探求心が原因で、大きな事件を起こすことになる。

また彼らが活躍していたのは、幕末に向けて少しずつ社会情勢が不安定になっていく時代であった。純粋な天文学の研究に携わっているように見える天文方の人々も、実は時代の波に揺れながら仕事に携わっていたのであった。

本章では、一九世紀において天文方の中心的役割を果たした高橋景保、渋川景佑の活動を中心に、幕末までの天文方の様子を概観する。

間重富から高橋景保へ

文化元（一八〇四）年から六年にわたって江戸に逗留して天文方のサポートをした間重富は、文化六（一八〇九）年に大坂へ帰った。この時から、天文方高橋家は、至時の長男景保が独り立ちをして業務を進めていくことになる。

高橋景保は、天明五（一七八五）年に大坂で生まれた。幼名を作助といい、字は子昌、蛮蕪。号は観巣、玉岡、求己堂主人である。父の天文方就任に伴い江戸に出てからは昌平坂学問所で学び、享和元（一八〇一）年には漢文素読の試験において成績優秀により賞を受けるなど若い頃から才能を発揮している。

享和四（一八〇四）年正月二七日に高橋至時の喪が発せられ、景保が家督を継いで天文方に就任したのは四月三日であった。前章で見た通り、家督相続の手続きと並行して大坂の間重富を後見役として招く手続きが取られ、業務が滞らないように対策が取られている。次いで七月には伊能忠敬が第一次から第三次測量までの結果をまとめて作成した東日本の測量地図が完成し、翌月に天文方吉田秀賢(ひでかた)とともに将軍に献上、上覧を受けた。この地図は大変好評であったことから、伊能忠敬は小普請組(こぶしんぐみ)に取り立てられて武士の身分となった。またこれ以降、測量事業は幕府の直轄事業となった。そして一〇月になると間重富が出府し、高橋家の体制も徐々に整っていった。

翻訳業務の拡大

しかし高橋景保は、父のようにじっくりと暦学研究に打ち込める状況にはなかった。大きな影響を与えたのが外国船の日本への来航であった。幕府は、文化元(一八〇四)年にロシア人レザノフがロシア皇帝の国書を持参して長崎に来航した「レザノフ事件」に代表されるように、日本付近にやってくる外国船に対応するため、海外情勢の把握や外交判断を必要とする場面が増してきたのだ。その流れに景保は乗ることになる。

まず文化四（一八〇七）年、高橋景保は林大学頭とともに世界地図作成を命ぜられ、翌文化五（一八〇八）年には外国文書の翻訳業務を命ぜられている。命令を受けた高橋景保はさっそく成果を出し、ケンペルの『日本誌』の一部を翻訳した『蕃賊排擯訳説』（一八〇八年）、樺太の地理を解説した『北夷考証』（一八〇九年）や、前章で紹介した世界地図『新訂万国全図』（一八一〇年）などを立て続けに完成させている。また、先年にレザノフが持参した国書には満州文字が書かれていたことから始まった満州語の研究は、その後景保のライフワークとなっている。

そして文化八（一八一一）年に蛮書和解御用を幕府から命じられてからは、景保の多忙さはさらに増す。ちょうどこの頃、千島列島で測量を行っていたロシアの軍艦ディアナ号の艦長ゴロヴニンが捕縛、抑留されるという「ゴロヴニン事件」が起こった。その際、幕府は馬場貞由と、景保の下役であった天文学者足立信頭（一七六九〜一八四五、麻田剛立の弟子でのちに天文方となる）に対してゴロヴニンからロシア語を学ぶように命令を下し、松前へ派遣している。さらに外国船が日本に来航することが多くなり、足立信頭は文政元（一八一八）年からの七年間に三回も交渉のための通訳として派遣されている。

本来は、ラランデ暦書を翻訳するためのオランダ語学習環境を作る目的で取り込んだ外国文書の翻訳業務であったが、時代の流れもあって高橋家の大きな仕事となり、片手間でできるものではなくなっていくのである。

シーボルト事件で死罪

多忙ながらも順調であった高橋景保であったが、文化一〇（一八一三）年二月には暦局官舎が失火により全焼してしまうという不幸に見舞われ、ラランデ暦書の原本をはじめ多くの観測機器、観測記録、書籍などが焼失する事態が起こった。これによって長年の成果は灰燼（かいじん）と化し、「数年勤労空しく相成り候」（伊能忠敬への手紙）という状態となった。「上は及び申さず、同役はじめ……（中略）……泉下亡父に対し面目無き次第」（同上）と考えた景保は責任をとって退役も考えたものの、他人には任せられない重い任務を抱えていることもあって周囲が慰留し、結局のところ翻意して続投を決意している。

そして、まだ役宅の再建や業務の建て直しの最中であった翌文化一一（一八一四）年、景保は天文方兼任のままで書物奉行に任命された。書物奉行は将軍のための御文庫である紅葉山（もみじやま）文庫を管理する役職であり、天文方よりも格式が高い役職であるから昇進である。同時に景保が携わっていた外国文書の翻訳は幅広い情報を必要とする業務であったから、景保にとっては有意義な昇進であったろう。その一方で、任命した幕府当局側としても、景保を海外情勢も含めた情報通として手放せない人材と認識していたことは想像に難くない。

しかし、活躍は長く続かなかった。文政一一（一八二八）年、歴史上有名なシーボルト事件が起こったからだ。オランダ商館の医師として来日していたドイツ人シーボルトは、鳴滝塾（なるたきじゅく）で多くの弟子を育てただけでなく、自らは日本の生物、歴史、民俗などを幅広く研究しており、高橋景保とも親交を持っていた。その中で、業務として海外情勢の把握に努めていた景保は、シーボルトがクルーゼンシュテルンの『世界一周記』とオランダ領東インドの地図という新しい情報を持っていることを知り、それを入手するのと引き換えに、国家機密であった伊能忠敬の日本地図の写しをシーボルトに渡してしまったのである。

そしてこのことが発覚し、一〇月に景保は逮捕され、翌文政一二（一八二九）年二月一六日に獄死してしまった。四五歳であった。死後に出された判決では景保は存命なら死罪、景保の長男小太郎と次男作次郎は遠島、そのほかに関係した多くの者が処罰されている。景保にとっては、私利私欲ではなく業務の上での行為であったが、国家機密として禁制品の日本地図を外国人へ渡すことは許されることではなかった。

結局、シーボルト事件により天文方高橋家は至時、景保の二代で絶えた。長男の小太郎はその後赦免(しゃめん)となって、天文方山路諧孝の手附として召し出されて現場に復帰したものの、天文方に任命されることはなかった。

2 渋川景佑の活躍と天保の改暦

高橋景佑、渋川家の養子となる

手広い範囲の業務を担当して多忙であった高橋景保の指導のもと、天文方の本務である暦学研究を担っていたのが、弟の景佑であった。

景佑は、高橋至時の次男として天明七(一七八七)年に大坂で生まれた。初めは善助と称し、字は子申、滄洲と号した。若い頃から天文方の業務を手伝い、文化二〜三（一八〇五〜〇六）年に行われた伊能忠敬の第五次測量にも参加し、東海道、山陽、山陰を実測している。

その後、二二歳となった文化五（一八〇八）年には天文方渋川正陽（まさてる）の養子となり、渋川景佑を名乗ることとなった。そして翌年に家督を継いで天文方に就任、助左衛門と称した。渋川家は、言わずと知れた渋川春海の流れを受け継ぐ家系であり、天文方として最も由緒ある名家である。しかしながら初代春海以降は目立った活躍がなく、長い間低迷していた。そこへ父至時や間重富の薫陶を受けた新進気鋭の研究者景佑が継いだことにより、渋川家のアクティビティが一気に高まったのである。

渋川家を継いだ景佑は実兄の景保と連携して研究に携わったが、景保が多忙となってからは、研究の実務は景佑が中心となった。

ラランデ暦書の翻訳と『新巧暦書』の完成

高橋至時の死去後、ラランデ暦書の翻訳は間重富が全訳の方針を打ち出すことによって再開された。その後に引き継いだ高橋景保も全訳路線を継承しているはずだが、

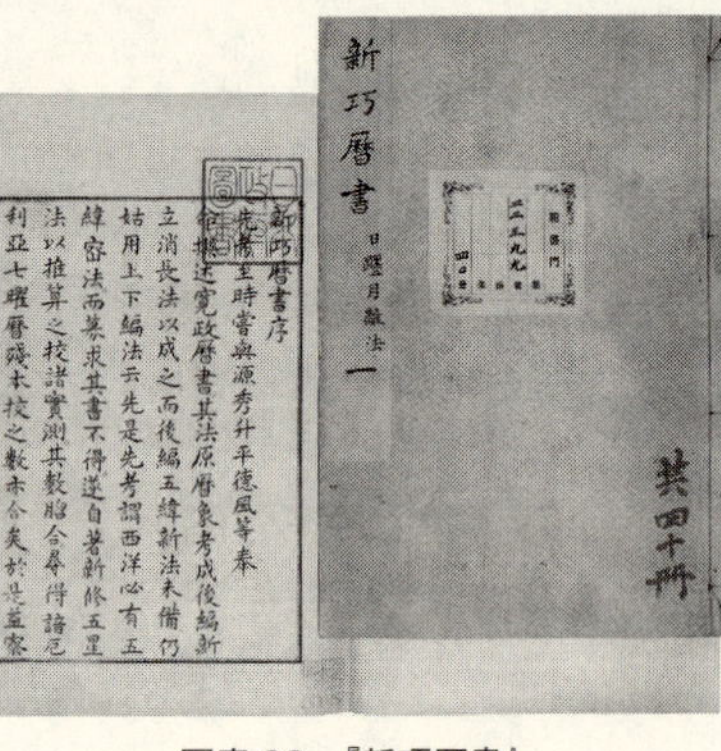

写真32『新巧暦書』

資料がほとんど残っていないため全貌はつかめない。現存資料としては馬場貞由による一部分の抄訳『新巧暦書　厄日多国星学原訳草』（文化九年）や文化八（一八一一）年の彗星出現の際に行われた彗星に関する部分の翻訳稿がある程度だ。これは文化一〇（一八一三）年に起こった景保役宅の火事により多くの資料が焼失した影響かもしれない。

この時の火事により肝心のラランデ暦書も消失してしまい、翻訳業務は中止を余儀なくされてしまった。そこで高橋景保は全訳の方針を断念して方向転換した。文化一二（一八一五）年、渋川景佑と足立信頭に対して、焼失をまぬかれた至時の遺稿『ラランデ暦書管見』の取り調べを命じ、至時が行った研究のまとめに従事させることにしたのだ。この業務は文政九（一八二六）年には一応の完成を見て、『新巧暦書』（写真32）という名でまとめられた。しかし幕府への献上の準備中に起こったシーボルト事件により景保が処罰されたことから延引し、ようやく天保七（一八三六）年になって景佑名義の序文を付けての上呈となった。

したがって、『新巧暦書』は間重富が当初計画していたランデ暦書の全訳ではなく、原書の内容の一部を利用して太陽、月、五星の位置計算法、日月食の予報計算法などを伝統的な暦書スタイルで書き上げた書物となっている。したがって、現代で言う翻訳本とも異なる体裁となっている。

長年かけて完成した『新巧暦書』はこの時代における天文方の重要な成果となり、のちに採用される天保暦（てんぽうれき）は本書を基に作成されることとなった。

五星法の完成

高橋至時の主要研究課題の一つが、第三章で紹介した五星法、つまり惑星の位置推算法に楕円軌道論を導入することであった。その考察は、晩年に著した『新修五星法』（第二稿）で一定の完成を見た。そこで渋川景佑は、至時の稿本を整理して新たに『新修五星法』一〇冊としてまとめ、天保七（一八三六）年に幕府に献上した。それを受けて天保期に寛政暦法の部分改正が行われ、五星法は『新修五星法』に基づいた推算法を採用することとなった。

この改正の結果、寛政暦法は太陽・月・惑星の全てに楕円軌道が適用され、ティコ・ブラーエの体系に基づいた法に統一することで至時以来の課題であった寛政暦の不備が解消したのであった。しかもその中には、高橋至時が考察、改良を加えたオリジナルの計算法がふんだんに取り入れられており、中国天文書の記述をトレースした暦法とは一線を画していると言ってもよい仕上がりとなっている。

この五星法は、後年行われた天保改暦の際に廃止されることなく、天保暦の五星法としても継続採用され、明治五（一八七二）年まで使用された。

『寛政暦書』の編纂

高橋至時と間重富が中心となって作成した寛政暦法は、改暦時に『暦法新書』という書物にまとめられ献上された。この時、暦法書と同時に暦法の理論（暦理と呼ばれた）を解説した書物も献上することになっていたが、完成を見ないまま時間が経過し、至時も亡くなってしまう。その後も、完成させることができずにいるうちに『新巧暦書』も完成し、次の改暦が現実味を帯びる段階にまで来てしまった。そこで業を煮やした幕府は、天保一〇（一八三九）年に渋川景佑に対して寛政暦の暦理をまとめるように命じたのである。

命を受けた景佑はさっそく作成に取り掛かり、ようやく天保一五（一八四四）年に出来上がったのが『寛政暦書』である。全三五巻という大部で、執筆陣には渋川景佑をはじめ同僚の天文方であった足立信頭、吉田秀茂、山路諧孝も加わって、まさに天文方が総力をあげて取り組んだ労作と言える。内容は寛政暦で採用された太陽と月の運動、日月食、消長法などの理論解説をはじめ、天文方で使用した観測機器の図や解説、過去の天体観測記録と計算値との比較なども併せてまとめている。

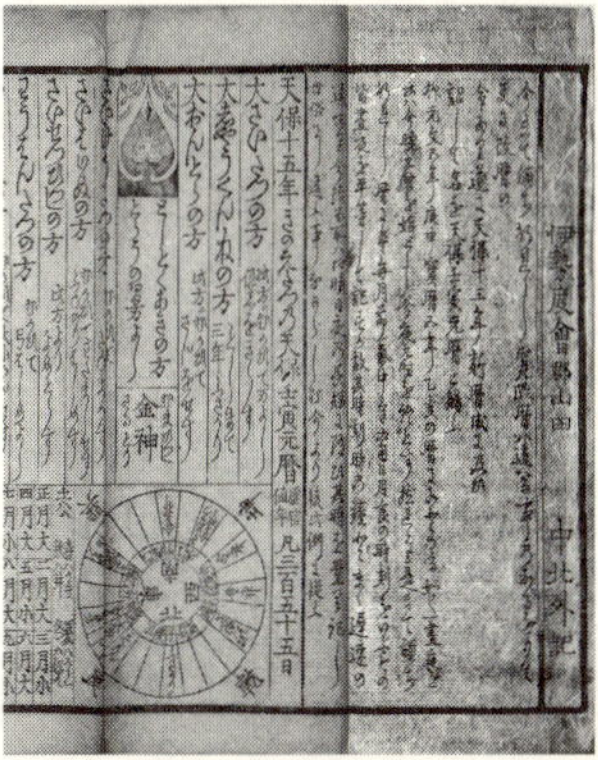

写真33　天保15年の伊勢暦。冒頭に天保暦への改暦の説明がある

太陽と月の運動論や日月食理論の記述こそイエズス会士系天文書の影響が強く出ているものの、その他の部分はオリジナリティにあふれた内容となっているのが特徴で、先の『新修五星法』同様、当時の天文方の実力が単に中国書を模倣するレベルを超え

ていたことを示している。

天保の改暦

このように、景佑は『新修五星法』、『新巧暦書』を次々と完成させ、高橋至時がやり残した課題を完成させていった。また同僚の天文方山路諧孝は、天保八(一八三七)年にオランダ人ペイボ・ステーンストラの著書"Grondbeginsels der Sterrekunde"を翻訳してまとめた暦書『西暦新編』一〇冊を幕府に献上し、天文方による西洋天文学書研究は完成の域に達してきた。さらに、『寛政暦書』も渋川景佑の参画により完成のめどが立つ状況となった天保一二(一八四一)年、幕府はついに改暦事業に乗り出し、『新巧暦書』『西暦新編』に基づいた改暦を命じたのである。

命を受けた天文方は新暦法をまとめあげた。あとは例によって改暦のための手続き交渉を朝廷と行うのみである。ところが、自らの暦法に絶対の自信を持っていた天文方たちは、慣例となっていた京都での精度検証の観測や改暦交渉といった諸手続きをすべて省略し、暦書を送付するだけで済まそうとした。しかし、このことを土御門家に打診したところ強い反対にあい、渋川景佑と足立信頭が京都に出向いて事務手続きを行うこととなった。

かくして暦法書は朝廷に奏上され、改暦宣下が行われて「天保壬寅元暦（てんぽうじんいんげんれき）」（以下、天保暦と呼ぶ）と名を賜り、天保一五（一八四四）年から施行された。ただし五星法だけは、寛政暦の改訂五星法として先年採用された新法を継続して用いている。

天保暦法は、オランダ書の翻訳を通じて得た西洋天文学の知識がふんだんに盛り込まれた暦法であり、明治六（一八七三）年に太陽暦へ改暦されるまで使い続けられた、我が国最後の太陰太陽暦でもある。

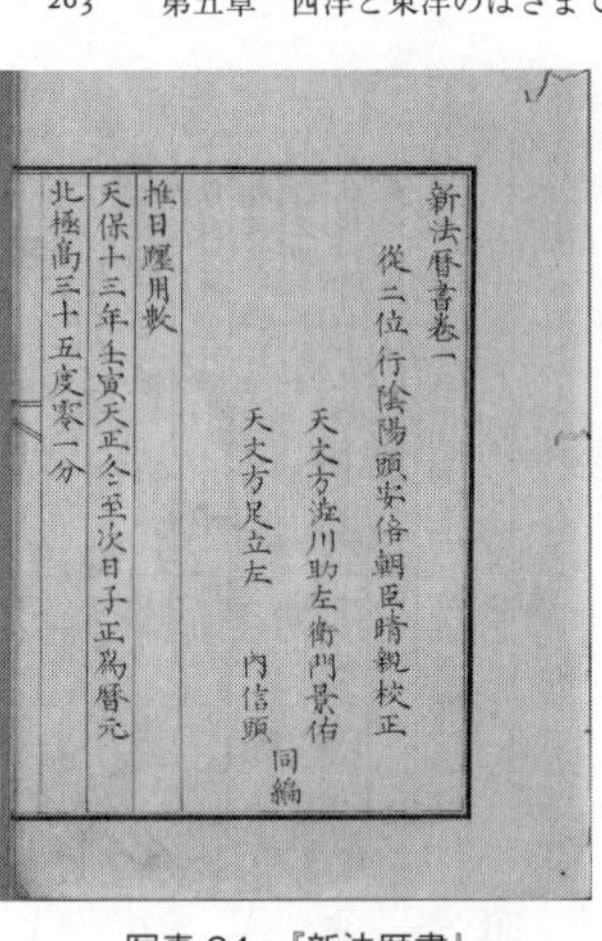
新法暦書巻一
従二位行陰陽頭安倍朝臣晴親校正
天文方澁川助左衛門景佑
天文方足立左内信頭　同編
推日躔用数
天保十三年壬寅天正冬至次日子正為暦元
北極高三十五度零一分

写真 34 『新法暦書』

ちなみに、天保暦法を記した『新法暦書』には執筆者として天文方の名前が挙げられているが、肩書は「天文方」となっている（写真34）。貞享暦から寛政暦までの暦法書では、天文方メンバーの肩書は「天文生」と記され、天文方は土御門家の弟子という扱いであった。しかし今回は、天文方は土御門家に入門しておらず、暦法も独自で作り上げていることを理由に、天文生とは記さない意思を表明し、土御門家も反対せずに受け入れている。

古今の天文方資料の整理

景佑の業績は、先進的な研究にとどまらない。古今の膨大な天文資料をまとめ上げる活動も旺盛であった。

渋川春海から高橋至時の時代まで、幕府天文方で連綿と行われてきた過去の観測記録を整理し、『霊憲候簿前編』四一〇巻という膨大な書物を編集した。これは天保九（一八三八）年に幕府から天体観測を命じられたことを受けて、天保一五（一八四四）年までの間に九段坂測量所で行った観測記録をまとめた『霊憲候簿』二〇一巻に付随するものとして作成されたものである。両者を合わせた六一〇巻余りを紐解けば、一〇〇年以上続いてきた天文方での天文観測の様子を見渡すことができるようになった。他にも、江戸前期における暦と天文に関する様々な資料を編集した『明時館叢書』や、高橋至時と間重富の間に交わされた書簡を中心に編集された書簡集『星学手簡』もまとめている。さらに、渋川春海の編集した暦書や天文書も幕府に献上している。

これらの資料が天文方の後進たちにどの程度活用されたかはわからないが、現代に生きる我々が天文方の活動をまとまった形で知ることができるのは、景佑のおかげといっても過言ではない。

順風満帆ではなかった渋川景佑

天文方に関わる多様な業務に手広く携わり、順風満帆な研究人生を送ったように思える景佑であるが、何度も危機に遭遇している。一度目は、先述のように実兄の景保がシーボルト事件で逮捕、処罰され、高橋家が絶家になったことである。景佑は渋川家に入った後も、天文方の同僚としてだけでなく、兄弟として景保と密接に連携をしてきた。業務を離れて兄とさまざまな話をし、情報も入手していたことであろう。しかしながら、事件によって景保周辺の多くの人が事件に連座した中、景佑には何一つお咎めはなかった。とはいうものの、事件後は景佑も周囲から厳しい目を向けられてつらい思いをし、長男の敬直(ひろなお)（通称は六蔵）に家督を譲って隠居をしようと考えるまで追い込まれていた。

二度目は、長男敬直の廃嫡(はいちゃく)である。景佑の長男であった敬直は若い頃から優秀で、一七歳の時に天文方見習に任ぜられ、将来を期待された人物であった。英文法の解説書を翻訳した『英文鑑』を著し褒美も拝領している。さらに二八歳になった天保一三（一八四二）年には、天文方見習と兼任のまま書物奉行に抜擢されている。異例とも言える昇任の背景にあったのは、敬直が時の老中であった水野忠邦から重用され、鳥居耀蔵らと共に天保の改革に関わる業務に携わったことである。この時代、外国からの圧力は日ごとに増していき、また国内では蘭学者ら海外情勢に明るい人たちが開国を主張し始めていた。そこで敬直は水野らから下された幕政に関する質問に対して上申している。その骨子は、天文や医学などについては蘭学を奨励する一方で、市井の蘭学は禁止して、幕府による取り締まりを強化すべしというものであった。さらに、オランダ国王から幕府宛に送られた開国を進める書簡を翻訳するなど、時の政治の流れにどっぷりと浸かる活動を行ったのである。

　幕政に深く関わる敬直の姿を、父の景佑はどのような思いで見ていたのだろうか。きっと、同じような道を歩んだ兄の景保のことが脳裏に浮かんでいたはずであるが、息子が命じられたお役目に口出しできる筈もなく、複雑な思いを抱いていたことであろう。

そして敬直の活躍は長く続かなかった。天保の改革への反対によって水野忠邦が失脚した後の弘化二（一八四五）年、後ろ盾を失った敬直は不届により罰せられ、豊後臼杵（うすき）藩主にお預け、配流となってしまったのである。その後も敬直は復帰することはなく、六年後には江戸から遠く離れた臼杵で亡くなった。享年三七であった。

筋の通った研究者として

この一件で敬直が処罰される一方で、父の渋川景佑にはやはりお咎めはなかった。二度にわたる身内の処罰にも連座しなかったことから、渋川景佑は保守的で自らのお役目の範囲を逸脱しない慎重な性格であったと評される。しかし近年、景佑の別の顔も知られるようになってきた。

景佑晩年に当たる嘉永七（一八五四）年のこと、景佑に入門していた九州の大村藩士の峰源助（みねげんすけ）は、渋川家が管理する九段坂測量所で行われた書庫の「晒書」（虫干しのことと思われる）の際、その中にかの伊能忠敬の地図があるのを見た。もちろん秘図であり、他見を禁ずるものである。しかし源助はこれを得たいと思う気持ちが抑えられず、悩んだ末に景佑に書写を願い出た。するとそれを聞いた景佑は速やかに許可しただけでなく、「謹んで洩らすことなかれ」と戒めたという。

源助は学業優秀で、景佑から免許皆伝を受けた数少ない優秀な弟子であったが、だからと言って幕府が機密とする伊能図の書写を許すこと自体が驚きである。加えて、当時幕府は世間で盛んな蘭学が幕藩体制の批判につながることを恐れてこれを取り締まり、出版の検閲を強化するなどの情報統制を進めていた（それを進言した一人が取りも直さず長男の敬直であったが）。そのような流れの中、若い頃から蘭書に親しみ新しい情報に接してきた景佑が取った行動は、ささやかながら閉鎖的な勢力に抗おうとしたようにも見える。彼は決して自分の身だけを守るような人物ではなかったのではなかろうか。

世間の波にもまれつつも、暦学に大きな業績を残した景佑は、安政三（一八五六）年六月二〇日に七〇歳の生涯を終えた（墓碑銘による）。次男の佑賢（すけかた）が家督を継いで天文方になっているが、他の記録では翌安政四（一八五七）年に隠居したともあり、最晩年の足取りは謎に包まれている。

3　幕末の天文学

幕末の天文方の活動

一九世紀中ごろの天文方の活動を見ると、ラランデ暦書を翻訳し天保暦を作成するという大事業に加え、至時が遺した五星法の整備や、彗星研究の集大成などが目を引く。これらは、天文方が積み残していた課題の解決と、それまでの成果の整理とも言うべきものといえる。ここでは渋川景佑の活動を中心に、この頃の天文学研究の一端を見てみよう。

まず天文方の本来業務である暦法研究については、ラランデ暦書など蘭書の翻訳を通じて大きく進展し、完成した天保暦は寛政暦よりもさらに精密になった。特に太陽と月の位置計算法には、他の惑星の引力の影響などによる細かな不等運動の数々も計算に取り入れられた。この事について渋川景佑は、天保暦の理論を解説した『新法暦（しんぽうれき）

書続録』の中で「暦を作るに当たっては、小さな不等運動は全て用いなくても構わない」と述べている。つまり毎年の暦を作る上ではオーバースペックだと考えられるほどに精密に計算ができるようになったのである。

一方、天保暦の五星法は、前述したように高橋至時の『新修五星法』をベースとした推算法を用いているため、ラランデ暦書の影響はあまり受けていない。例えば、高橋の推算法は惑星が太陽の周りをケプラー運動するだけで、それ以上の細かな不等運動の計算は取り入れられていない。つまり惑星の位置計算においては、ラランデ暦書の推算法を導入しなくても、十分満足のいく計算精度が出ると考え、天文方は高橋至時の古い五星法を使用し続けた。

水星・金星の太陽面通過

一九世紀中ごろにおけるユニークな観測として挙げられるのは、水星が太陽の前を横切る「太陽面通過」の観測である。内惑星である金星と水星は地球から見て太陽の前を横切ることがあり、この現象を太陽面通過と呼んでいる。この現象については、ラランデ暦書では大きく扱われている。特に金星の太陽面通過を観測すると地球と太陽との間の距離を求めることができ、さらには太陽系の大きさを知ることができること から、一七〜一九世紀の西洋で熱心に観測が行われた。著者のラランデは一七六九年に起こった金星の太陽面通過の国際観測に参加するなど研究に携わっていたから、関心が高かったのであろう。ただし、金星の太陽面通過は一七六九年の次は一八七四年まで起こらなかったため、景佑が活躍した時代には観測はされていない。

一方、水星の太陽面通過は起こる頻度がより高く、天文方から観測依頼を受けた大坂の間重新が文政五（一八二二）年一一月四日と天保三（一八三二）年四月五日、天保六（一八三五）年一一月七日の三回、また間重遠が弘化二（一八四五）年五月八日の一回分の記録を残している。これらの太陽面通過の予報は、ラランデ暦書や『新修五星法』に基づいて自ら計算し、航海暦のデータも参考にしながら予報していた。

太陽に近い水星は、明け方の東空か夕方の西空の低いところでしか見えないため、詳しい位置を測定することは難しい。より正確な五星法を作り上げるためのデータ蓄積を行っていた天文方としては、太陽面通過は水星の詳しい位置データを得ることができる貴重な機会の一つだったのだ。

彗星研究の集大成

渋川景佑の活動で特筆すべきものの一つが彗星研究である。前章で紹介したように、文化四（一八〇七）年と文化八（一八一一）年に明るい彗星が出現したのをきっかけに、景保、景佑兄弟は蘭書の翻訳を中心とした研究を開始した。研究はその後も続けられ、その成果として景佑は晩年に『新修彗星法』（一八五五年）を著して、長年にわたる天文方による彗星研究の集大成とした。

それを見ると、彗星の正体に関してはニュートンやオイラーなどの説を考察した上で、彗星本体は地球のように固い物質でできていて、まわりに大気を持っているために核付近がぼやけて見えるのだろうという説を述べている。また、彗星の尾は太陽の熱により生じ、彗星が太陽に近い場所にある時には長くなると理解している。

彗星が太陽の周りをどのように運動するかについては、軌道を計算する方法をマスターしており、数回の位置観測から軌道要素を確定してその動きを予測したり、他の彗星の軌道と比較して周期彗星の同定をしたりすることが可能となっていた。天文方の足立信頭は一八三五年に出現したハレー彗星を観測し、軌道を求めている。また、ニュートンの説を引用して「諸惑星ハ皆太陽ヲ以テ心トシ、各其引力ニ従テ運動スル者ナリ。彗星亦然リ」として、太陽の引力によって軌道運動していること、また他の天体の引力による影響を受けて公転周期が変化してしまうことも知っていた。

そして最も興味深いのが、彗星の見え方に関する解説における景佑のコメントである。彼は、彗星の核付近がぼやけて見えるのは彗星自身の大気のせいだと述べた後、「すると、月から地球を見たら、地球を取り巻く大気のせいで、地球の輪郭がぼやけているだろう」とコメントしているのである。景佑は彗星の見え方を通じて、自らの視点を移動させて月から見た地球の姿を推測しているのである。このような視点の移動は、現代の天文学では当たり前に行われていることであるが、江戸期では他の天文学者には見られないユニークなものであり、景佑が近代的な感覚を持った人物であったことがうかがえるのである。

ニュートンの万有引力説

ニュートンの万有引力説は、まず一八世紀末に長崎に伝えられた。中でも、第三章で紹介した長崎の志筑忠雄による『暦象新書』が、日本における万有引力の法則研究の嚆矢にして、代表的なものとされる。

一方、江戸の天文方たちが引力説を知ったのは、長崎学派よりも少し遅いようで、高橋至時や間重富の文献には見られない。天文方で最も古い記述は渋川景佑によるもので、文化年間のはじめに『暦象新書』を馬場貞由から見せてもらったが、その時は、書いてある内容がまったく理解できなかったと述べている。

しかしその後も研究を続けた結果、『新法暦書続録』の中に「寰宇総論」という一編を著して、天体力学の基礎的な概念を解説するに至った。例えば、全ての物体には引力がはたらくこと、我々の身の回りにあるものは全て分子からできていることなど、物理的な基本概念から説き始め、重力や遠心力、落体や振り子の運動などを扱っている。またそれらの数理解説として、引力の強さは距離の二乗に反比例することや、ケプラーの法則を利用して天体の質量を求めることなども説明している。

これらの内容は現在では基礎知識の一つであるが、西洋人から直接学ぶこともできず、満足な情報も手に入らない時代において、わずかな書物を基に新しい分野を理解するには大きな苦労があっただろう。その結果、江戸時代において天体力学を理解した人が少ない中で、渋川景佑は当時としてはトップクラスと言われる理解度に達していたと評価されている。

地動説か天動説か

このように景佑の著作を見ていくと、西洋天文学に対する彼の深い理解がうかがえる。ニュートン力学や彗星の研究などでは蘭書を翻訳し、西洋では地動説が主流であり万有引力の法則で天体の運動や物理量を求めていることを知っていた。

その一方で、公式見解では地動説を積極的に取り入れようとしなかった。「寰宇総論」を見ると、天動説と地動説という二つの説は「天体の位置計算をうまく行うために、暦を治める者の心の中から出たものである」と述べ、「天の姿が本当にそうなっているかどうかはわからない。どちらが正しくどちらが間違っているかはまだ深く論じない」と結論づけている。つまり、天動説か地動説か、一方の立場を取ることを避けているのである。

実はこの見解は、『崇禎暦書』で示されたものであると同時に、父の高橋至時が地動説の研究の際に取った見解でもあった。至時は著書『新修五星法図説』の中で同じフレーズを用いて、地動説と天動説の是非を論じることは「彼を非とし此を是とするのは、自家の固執に生ずるものにして、公論にはあらじ」と結論しているのだ。

至時が見解を示してから四〇年余り経ち、景佑は父よりも深く西洋天文学に触れ、力学の知識も持っていた。それにもかかわらず父と同じ見解を示した理由は、景佑が伝統的な暦学の枠から出ることを嫌ったからだと考えられている。確かに、伝統的な中国天文学に基づいて暦を作ることを目的としている天文方としては、天動説や地動説について論じることは主目的でない。ただ天体の運行と合う暦さえ作っていればいいのである。つまりこれが官僚である天文方の限界であったというのだ。

しかし「寰宇総論」が収められた『新法暦書続録』は天保暦の理論解説書として朝廷と幕府へ献上する書物であった。巻頭には「陰陽頭安倍朝臣晴雄閲覧」とあり、その後に天文方の名が連なっている。つまり伝統的かつ正式な暦書であるから数多くの制限があったはずだ。そんな中で、巻末とはいえども力学の解説を付け加え、さまざまな天体の運動に関する物理的な説明をしているのだから、ささやかながらも伝統的な暦作りのための学問の枠を出ようと努力しているように思える。そして、西洋では地動説が主流であり、自らも信じていることを間接的に表明しているようにも思える。弟子の峰源助に国禁の伊能図を写し取らせたという出来事とも考え合わせると、アグレッシブな意図を持っていた渋川景佑の一面が見えてくる。

4　江戸の天文学の終焉

組織の生き残りをかけた天文方

高橋景保の建議により天文方が担っていた蛮書和解御用は、景保がシーボルト事件で獄死した文政一二（一八二九）年からは同僚の山路諧孝が担当していたが、外国との交渉の増加や幕府の蘭学政策強化の影響を受け、時代とともに業務量は増大していった。そのため、弘化三（一八四六）年には、諧孝が天文方のまま、息子の彰常も天文方に任ぜられ、親子二代が同時に天文方を勤めることとなった。

その後、ペリーの来航により日米和親条約が締結され日本が開国すると、外国語の習得の重要度がさらに増したため、幕府は安政三（一八五六）年に蛮書和解御用の業務を蕃書調所での取り扱いとし、天文方の管理を解除した。これにより、外国文書の翻訳に関与する業務から離れたが、天文方は再び暦学研究のみに集中することはしなかった。彼らは自ら行っていた研究を、新たな業務に取り入れようとしたのである。それは航海術である。

当時、幕府は海軍の整備に力を入れていた。安政二（一八五五）年には、長崎に海軍伝習所という直轄の教育機関を設立して、オランダ人から西洋の航海術を直接学ぶシステムを作り上げていた。そこで習得する技術の一つに「天文航法」というものがあった。これは太陽や月、恒星の位置を観測して求めることによって、自船がいま大海原のどこに位置しているか、つまり船がいる場所の緯度と経度を知る技術で、船が航路を決める上で重要なことであった。

天文方では、高橋至時の頃から天文学と密接に関連していた航海術への関心を持ち、少しずつ研究を進めていた。海軍伝習所に入学した人物の中には、天文方足立家で航海術書を研究していた小野友五郎もいた。小野はのちに江戸に作られた軍艦操練所の教授方となり、咸臨丸（かんりんまる）の航海長としてアメリカに渡るほどの技術を習得している。そして幕末になって天文航法が重要視される流れを受けて、彼らは自ら研究していた航海術をさらに発展させ、かつ幕政に貢献しようと動き出したのだ。

安政三（一八五六）年三月、天文方の渋川景佑と山路諧孝は連名で、幕府が所有する艦船を借りて天体観測を用いた航海術の実習を行いたいと願い出ている。二人が提出した建議書には、「航海術の儀はただ席上において論じ候のみにては、いわゆる炬燵兵法にして修行し難き儀も御座候」とある。書物による知識だけではだめであるとして、実践の場を求めたのだ。この文面にある「兵法」という言葉からは、景佑らが幕府のニーズに応えようとする態度がうかがえる。この動きの背景には、幕府の危機に加え、天文方の事情もあった。渋川家は非常に高い精度の暦法を作成し天保の改暦を成功させた。また山路家は蛮書和解御用の業務を免除された。天文方は、当面の差し迫った業務がなくなった中で、危機感をもち生き残りをかけていたのだ。

建議の結果、景佑たちが出した申請は幕府によって認められているが、その後の様子は伝わっておらず、実習が行われたのか、またその成果はどうだったのか、残念ながら不明である。

天文方の終焉

こうして天文方の研究を概観してみると、彼らが伝統的な東洋天文学の大きな枠の中にありながらも、西洋天文学の成果を取り入れ、少しずつ近代的な要素を理解していった様子がうかがえる。太陽と月の天球上での位置と、日月食の予報を計算し、暦を作成するという天文方本来の目標は、天保暦の完成により実用上十分なレベルに達した。さらに天王星や彗星などの新天体の知識を有し、彗星については軌道計算も可能であった。加えて天体力学も一定の理解をするなど、従来の暦学の域を超えた幅広い研究を行っていた。そして注目すべきは、基本的に新しい天文知識の導入は、中国やオランダなど海外の書物を通じて行っていたことだ。海外との人的交流が厳しく制限されていた当時、重要な情報源はほぼ書物のみに制限されていたと言っても良く、その状況下での研究であったことを我々は認識しておく必要があろう。

しかし、天文方の終末はあっという間にやってきた。慶応三（一八六七）年、江戸幕府は崩壊し、天文方もあえなく廃止となったのだ。高橋至時らが活躍した浅草天文台や、渋川景佑が観測を行った九段坂測量所なども閉鎖された。浅草天文台に設置されていた観測機器類は払い下げられて人手に渡っている。江戸に作られた天文方という役職は、幕府が渋川春海を任命して以来約二〇〇年続いたが、実にあっけない幕切れであった。

最後まで天文方を勤めた山路家では、一家が浅草天文台の官舎を明け渡して離れる際、蔵の中いっぱいに保存していた書物類などを分類して入用なものだけを長持に詰め、残りは庭で焼却しようとした。しかし余りに大量にあるため火の元も危ういので、家中の人がはさみで細かく切り刻んで屑屋に遣わしたという。このはさみで切る作業には三日もかかったとのことである。山路主住以来一〇〇年余りの間天文方を務め、数多く蓄積した山路家の観測記録や研究成果は、こうしてあっという間に失われてしまった。

山路彰常の長男であった一郎は、幕府崩壊による混乱の中、家族の反対を押し切って官軍に抵抗する彰義隊に参加し、その後榎本武揚率いる幕府側とともに函館に渡っている。近年、北海道江差沖に沈んだ幕府軍の軍艦開陽丸から引き上げられた遺物の中に、暦学や和算書などが含まれていることが発見された。遺物の内容調査から、これらは一郎が実家から運び出した書物の一部だと考えられている。それが事実であれば、彼はどのような思いで持ち運んでいたのであろうか。

一方、天文方を廃止した後明治政府は、天文方に代わって土御門家に編暦を担当させたが、それもやがて廃止し大学所管の部署を立ち上げた。そこではかつて天文方を勤めていた渋川敬典ほか数人のスタッフが入った程度で、彼らが長年蓄積してきたデータも引き継がれず、その後の天文学研究に用いられた形跡もない。

しかも明治政府のもとで暦を管轄する組織自体は、短期間のうちに天文暦道局から星学局、天文局と改組・改称を繰り返し、明治六(一八七三)年の太陽暦への改暦後しばらくして廃止となった。一方、編暦組織の流れとは別に、西洋の天文学を本格的に研究する組織が新しい学制のもとで整備され、その後の東京天文台から現在の国立天文台への流れを作ったのである。

そして、江戸という街の名も幕府崩壊とともに東京と改称され、長く続いた江戸の天文学は名実ともに終わりを告げたのであった。

補章　書物と西洋天文学

1 西洋天文学の導入ことはじめ

これまで、幕府天文方の活動に焦点を当てて江戸時代の天文学の流れを紹介してきた。時代の最先端を行く彼らの研究方法の大きな特徴は、中国や西洋からの最新の知識や情報のほとんどを書物から得ていたことである。幕府が対外的な交流を厳しく制限し、また通信や交通手段も限られていたことから、人々が海外に行ったり、また海外の人たちと自由に交流したりする機会は皆無に等しかった。その一方で、書物の輸入については禁書令など一定の制限はあったものの輸入が行われ、天文学分野では一九世紀初めまでは中国の書物が、そして一九世紀以降はオランダから輸入した西洋書が大きな影響を与えた。また書物以外にも、望遠鏡などの器物類もいくつか輸入され、一部は民間にも流通していた。

そんな時代の中、一八世紀からは少しずつ西洋天文学の知識が流入したが、どのように情報を得て、どのように知識を消化していったか、当時のエピソードを交えて紹介する。

西洋天文学知識の流入と徳川吉宗

第二章で紹介したように、江戸時代において最初に西洋天文学の知識の導入を進めたのは徳川吉宗であった。吉宗は西洋天文学が導入された中国の天文書を入手したが、その代表的なものとして梅文鼎（ばいぶんてい）の『暦算全書』と『西洋暦経』、また三角関数表である「八線表」が挙げられる。

『暦算全書』は梅文鼎の著作で、享保一一（一七二六）年に輸入されて吉宗の手元に届き、中根元圭（なかねげんけい）がその翻訳を命じられた。元圭は享保一八（一八三三）年に訓点本を献上したが、その際に、書物の内容を理解するためには梅文鼎の学問のベースとなっている「全書」を見る必要があることを吉宗に報告した。その結果、輸入されたのが『西洋暦経』と呼ばれる書物で、これはイエズス会士系天文書『崇禎暦書』と『西洋新法暦書』を編集した全一二〇冊の叢書であった。また三角関数表である「八線表」は、先に輸入された『暦算全書』になかったことから追加で輸入されたものである。

その他にも明朝の歴史書である『明史稿』は、明朝で使われていた大統暦についての記事があったことから改暦のための情報源となった。

宝暦の改暦と吉宗の「秘書」

これらの貴重書は、将軍の御文庫である紅葉山文庫に納められ、幕府の業務で必要な場合は幕臣らも借用を認められた。天文方の場合は所管の寺社奉行（のちに若年寄）や、業務担当の幕閣らを通じて借用することができたようだ。

改暦を視野に入れた天文御用で召し出された西川正休は、延享元（一七四四）年八月から延享三（一七四六）年八月まで、紅葉山文庫から『暦算全書』と『西洋暦経』を借用している。その後、改暦の準備が進みだした延享五（一七四八）年五月には、西川正休と渋川則休（のりよし）が連名で『暦算全書』、『西洋暦経』、『明史稿』を御文庫から借用している。彼らが借用したこれらの書物は、新暦法のための基本文献であったが、どのように利用されたのかはわかっていない。

さて、西川と渋川が京都に出向いて改暦実務が始まり、西川の暦法を検討する中で、土御門泰邦（つちみかどやすくに）は内容の不備に気づいて西川に次々と質問を行った。西川はその返答の中で、暦法の草稿は「有徳院様（吉宗のこと）の秘書」に基づいて編集したと述べた。

そこで泰邦が秘書とはいったいどんな書物かと尋ねると、西川は『暦算全書』と八線表等を拝借したと回答した。これを受けた泰邦は、「暦算全書などは書店にも売っており、自分も八線表と共に持っている」と怒りを露わにしている。

また泰邦は、それらの書物の内容を新暦法のどの部分に利用したかと質問すると、西川は「本を熟覧して、その意味をなんとなく加えた」と回答している。このような状態で、西川が書物の内容を十分に理解していなかったことから、吉宗が望んだ西洋天文学の知識を取り入れた改暦はできなかった。

活用された？　吉宗の「秘書」

しかしながらこの時、西洋天文学の知識が全く取り入れられなかったわけではない。天体観測のために用いる機器に関する分野では部分的に知識が利用されていた。

吉宗の時代に幕府で作られた代表的な観測機器として、簡天儀（写真35）と測午表（写真10）がある。簡天儀は天体の位置を測定する観測機器の一種で、元文年間（一七三六～四一年）に西川正休が作ったものとされる。その構造は子午線、水平線、天の赤道に対応する三本の円環（六合儀）と、天の北極を軸とする円環（四遊儀）、そして

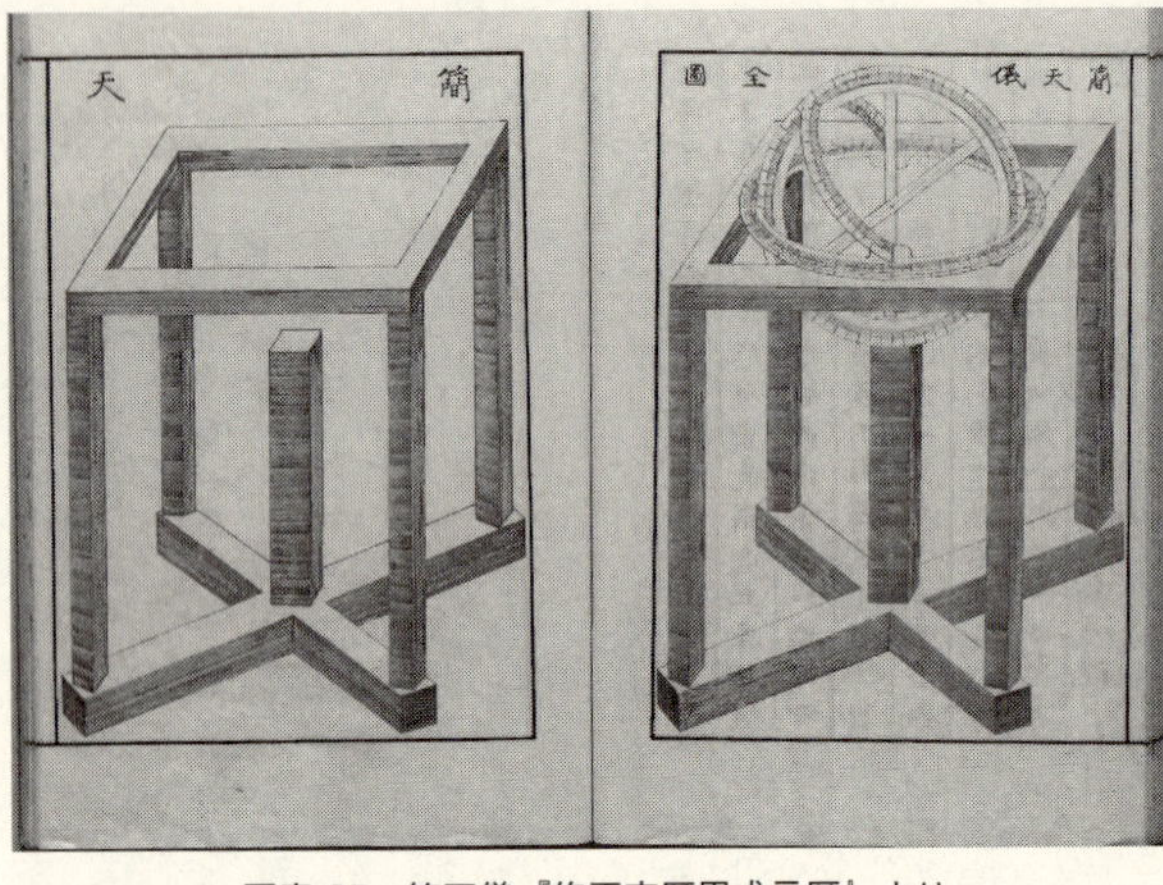

写真35　簡天儀『修正宝暦甲戌元暦』より

目標天体を覗く筒からなっている。その円環には天体の位置を測定するための角度目盛が刻まれているが、従来のものでは天の一周を三六五・二五度とする中国流の角度が用いられているのに対し、この簡天儀では天の一周を三六〇度とする西洋流の角度が刻まれているという。また測午表は天体が南中した時の地平高度を観測する機器で、徳川吉宗が工人の森仁左衛門に製作を命じたものであるが（第二章参照）、ここに刻まれた角度目盛も天の一周が三六〇度の西洋度であったという。これらは、吉宗の意向で西洋天文学の知識が取り入れられたと考えられる。

それ以外にも興味深いことがある。宝暦の改暦時に京都の土御門泰邦が製作した「象応格」という名称の天体の高度方位測定機器に、西洋度である三六〇度の目盛が刻まれているという史料が見つかったことである。残念ながら観測機器の実物は現存していないので直接確認はできないが、これらの記述が正しいのであれば、宝暦の改暦時に使われていた土御門側の観測機器にも吉宗の意向が反映されている可能性があるのだ。

中国からもたらされた『暦算全書』などの書物の情報量はとても多く、短期間に理解して取り入れることは難しい。特に暦法の場合、天体の運動理論の理解には時間がかかる。一方で観測機器の目盛に西洋度を採用することは比較的容易であるから、理論に先行して取り入れたのであろう。

しかし、実際に施行された宝暦暦法は伝統的な中国天文学に基づいているため、計算に用いる角度も旧来の中国度であった。そのため、改暦後に天文方が簡天儀や測午表で観測を行う際は西洋度で観測値を取得し、そのデータを研究に利用する時にはいちいち中国度に換算しなければならなかった。このちぐはぐな状態は、暦の計算が西洋度で行われるようになった寛政暦が施行された一九世紀末まで続くこととなった。

2　西洋天文学の消化

新しい中国天文書の広がり

宝暦の改暦時、『暦算全書』やイエズス会士系天文書はまだ珍しいものであったが、禁書令の緩和とともに、少しずつ広がっていった。天文方以外の研究者がそれらの書物をいつ頃入手できるようになったのか。例えば土佐藩の天文学者片岡直次郎（一七四七〜八二）は、安永四（一七七五）年に、土佐藩主が購入した『崇禎暦書』を貸し下げられている。また杵築藩から大坂に出た麻田剛立も、同じ安永四（一七七五）年の観測記録によると西洋度を刻んだ渾天儀で観測しているから、少なくともその少し前から西洋天文学の知識に触れていたと思われる。したがって、一七七〇年代前半あたりが、新しい中国天文学書の刊本や写本が出回り始めていた時期と見られる。

麻田学派と西洋天文学

麻田剛立は、研究者のキャリアを積む途中で西洋天文学と出会っているが、その影響は彼の弟子である高橋至時と間重富に及んでいる。麻田学派は新しい中国書に基づいて、観測機器にも西洋天文学の知識を取り入れている。間重富が寛政の改暦時に作った象限儀のことは第四章で紹介したが、観測精度を上げるための工夫が随所に見られる。

象限儀の角度目盛をよく見ると、角度が一〇分（一度の六分の一）ごとに刻まれているが、それに加えて、円周部には同心円が一一本描かれ、さらにそれらを横切るような斜線も見える（写真36）。これはイエズス会士系天文書で紹介されたダイアゴナル目盛と呼ばれる精密測定目盛である。この目盛を使うと、最小目盛の十分の一、つまり角度の一分（一度の六〇分の一）まで読み取ることができる。

しかし、間重富はさらなる工夫をしている。それは、ダイアゴナル目盛の同心円を描く間隔を調整したことである。『崇禎暦書』には「その誤差の値はわずかであるから、目盛の同心円は等間隔でも良い」と記されているが、重富はその誤差を見逃さず、三角関数を駆使して一一本の同心円のそれぞれの半径を計算し、角度の誤差が生じないように描いたのだ。その調整は一ミリにも満たないスケールで行われていた。

さらに、角度を測定する目標天体に向ける照準器には望遠鏡が組み込まれているが、ここでの工夫は、この照準望遠鏡の取り付け部に、望遠鏡の向きを微調整する機構が備えられていることである。その部分をよく見ると、照準板に取り付けた四角形の金属バンドに望遠鏡を収めるようになっている（写真37）。金属バンドの三辺にはネジ

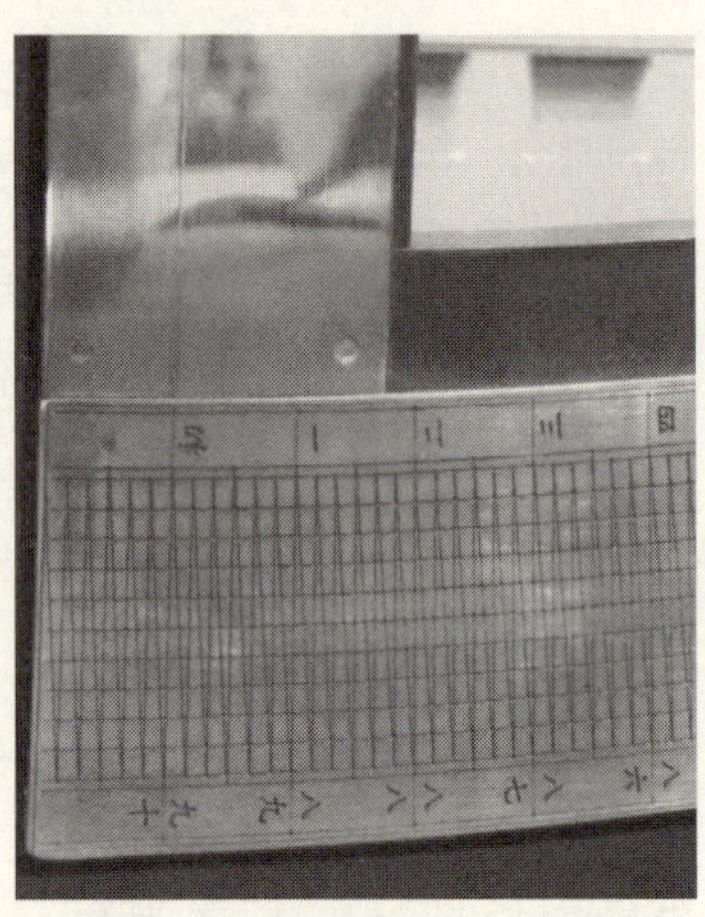

写真 36　象限儀のダイアゴナル目盛

写真 37　象限儀の照準望遠鏡取り付け部

穴があけられていて、そこに挿入したネジで望遠鏡を押さえつけて固定するのだが、このネジを締めたり緩めたりすることで望遠鏡の向きの微調整ができるようになっている。この機構は、現代でも小型の天体望遠鏡のファインダー（天体導入用の小望遠鏡）などで採用されていて、天体観測で使ったことがある人には馴染みのあるものといえる。しかし、このアイデアは、中国の天文書には紹介されていないのだ。間重富がどうしてこの機構を知り、採用したのかは謎である。現代の私たちが知らない観測機器や書物を持っていたのかもしれない。まだまだ謎がたくさんある。

幕府天文台での改良

寛政七（一七九五）年、高橋至時と間重富は暦学御用で江戸に出て、天文方の業務に深く関わった。大坂時代に使っていた新型の象限儀や子午線儀などの観測機器を幕府天文台で導入したが、この時には浅草天文台に置いてあった従来の機器も一部改良している。例えば簡天儀は、明和年間の宝暦暦修正時に編纂された『修正宝暦甲戌元暦』に描かれた図（写真35）と、『寛政暦書』に描かれた図（写真38）とでは、角度目盛の刻み方が異なっている。寛政時の改良時に新たに採用されたのは、象限儀

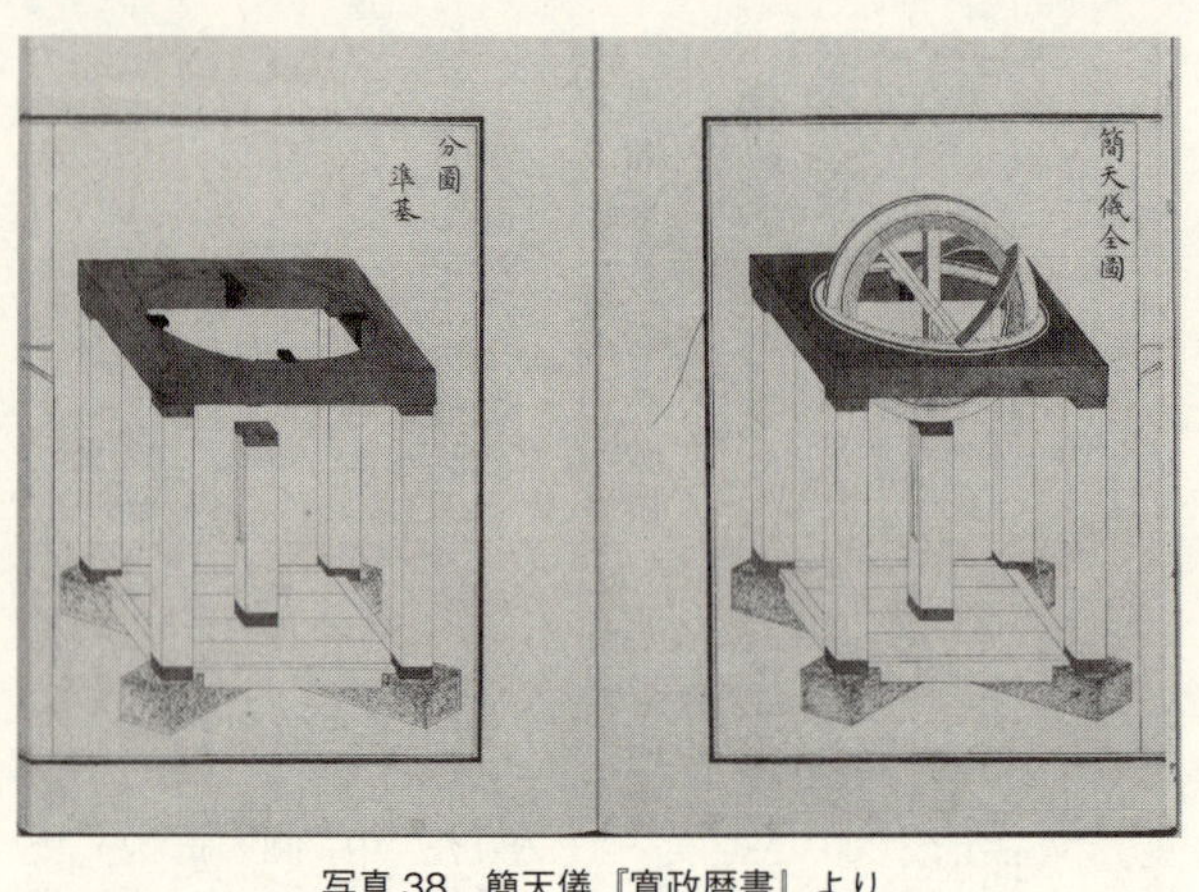

写真38　簡天儀『寛政暦書』より

でも取り入れていたダイアゴナル目盛であった。この改良で、浅草天文台に設置されていた旧式の簡天儀や測午表でもより精密な測定が可能となった。

寛政の改暦事業では、高橋らは暦法に関わる理論分野だけでなく、観測分野でも新しい天文学の知識の導入を行っていたのだ。

3　天文方の情報源

天文方と紅葉山文庫の貴重書

先に紹介した将軍の御文庫である紅葉山文庫は、宝暦の改暦以後も天文方の貴重な情報源であった。紅葉山文庫のルーツは慶長七（一六〇二）年、徳川家康が江戸城内の富士見の亭に設けた文庫にさかのぼり、その後、寛永一六（一六三九）年に同じ城内の紅葉山に移された。移転前の寛永一〇（一六三三）年には書物の管理を行う御書物奉行が置かれている。

紅葉山文庫の所蔵本は幕府の業務で必要な際は貸し出されることもあり、天文方も借用している。紅葉山文庫の主要な出来事をまとめた『御文庫始末記』を見ると、寛政三年一二月五日の条に「御書籍ヲ借サル、其故事ヲ尋問アリ近年ハ御三家方天文方ノ外其例ナシ……」とあり、天文方が文庫の蔵書をよく利用していたであろうことがうかがえる。また、「御書物方日記」と呼ばれる書物奉行の業務日誌にも、天文方が文庫の蔵書を借用した出納記事が複数見られる。

天文方による紅葉山文庫本の借用は、前述した宝暦の改暦以後も行われた。次にピークを迎えるのは、明和年間に佐々木長秀（のちに吉田秀長）が実施した宝暦暦法の修正業務の時である。佐々木が借用した書物は『暦算全書』などの天文書だけではなかった。『続日本紀』や『日本三代実録』などの日本の歴史書、『史記』や『後漢書』などの中国の歴史書など、歴史書を数多く借用している。というのも、暦法は計算した値が将来だけでなく過去に起こった天体現象ともよく一致することが求められる。そこで、歴史書に掲載されている過去の日月食などの記録を集め、新暦法の計算と一致するかどうかの検証に利用していたのだ。その結果、暦法修正業務に従事していた時期の佐々木の役所には紅葉山文庫から借用した貴重本が数多く置かれていた。

次の借用のピークは天保年間である。この時期は、天保改暦のための準備や『寛政暦書』の編集をはじめ、天文方は忙しい時期であった。そのため、借用が長期に及ぶこともあった。「御書物方日記」の天保一三（一八四二）年五月の記事には未納本の一覧が見られるが、その中には天文方が借用しているものも多く、五年ほど借用しているものや、中には十年を超える書物も見られる。

土御門家に贈られた『暦象考成後編』

一八世紀末に行われた寛政の改暦では、中国の天文書『暦象考成後編』に掲載された理論を採用して暦法を編纂している。この書物は、当時日本にわずかしか輸入されていない珍本で、簡単に目にすることはできなかった。

寛政七（一七九五）年八月、幕府から改暦の実施方針を伝えられた京都の土御門家は、この時『暦象考成後編』を所持しておらず、どのような内容が書かれていたか知らなかった。そこで土御門泰栄(やすなが)は江戸の天文方に閲覧したいと希望を伝えた。知らせを聞いた吉田、山路ら天文方は検討を行った。身の回りを見ても原本は紅葉山文庫しかないことから、文庫から借用して写本を作成して、それを土御門家に渡す案も考えた。最終的には、紅葉山文庫の蔵書を土御門家が借用することになり、天文方が取り次ぎ役として願いを出している。その結果、翌年に許可されて土御門家に『暦象考成後編』が貸し出された。この本は後日、幕府から土御門家に贈呈されたという。このことから、珍本とされた『歴象考成後編』が紅葉山文庫には複数部あり、贈呈する余裕すらあったことがわかる。

このように天文方は改暦事業に従事した時を中心にして、紅葉山文庫の書物を活用していた様子がうかがえる。改暦は幕府の重要な事業であり、一方で実務を担当する天文方としては新しい情報とたくさんの研究データを必要とした。その結果として、紅葉山文庫の貴重書が利用されたのであろう。

近代天文学の夜明け

一九世紀に入ると蘭学がますます盛んになるが、それはオランダ渡りの書物が世間に広く流通したことを物語っている。天文学の分野についても例外でなく、新しい情報が流入し、蘭学者が新しい情報を翻訳して広めることも増えた。のちに幕末になると日本は開国し、外国から人が入ってきたり、また日本人が海を渡って海外に行ったりするなど、海外との直接交流が行われるようになった。

その後、世界の研究者たちと直接交流を行うようになっても、研究における書物の価値自体が下がったわけではない。西洋では数多くの書物や論文が生み出されていたから、情報収集がより重要となったとも言える。それはデジタル媒体が発達した現代においても同様で、日々多くの論文やニュースが電子版であっという間に世界中を駆け巡っていて、研究者はそれを追いかけている。

ところで、天文分野での人的交流は明治になるまで待たねばならなかった。明治維新直後、理学を教えるお雇い外国人が来日して天文学の知識も伝えたようだが、本格的な研究の様子に初めて触れたのは明治七（一八七四）年のことだ。この年の一二月九日、金星が太陽の前を横切る「太陽面通過」という現象が起こった。第五章で紹介したが、太陽面通過は太陽までの距離を実測できるという重要な現象であり、西洋各国が各地に観測隊を派遣した。日本ではアメリカ隊が長崎で、フランス隊が長崎と神戸で、そしてメキシコ隊が横浜で、それぞれ観測を行った。彼らは写真撮影や電信による時刻同期をはじめとした最新の手法を用いており、日本人は観測隊の助手を務めたり見学したりして、その姿を目の当たりにしたのだった。

そして、西洋に留学して近代天文学を本格的に学んだ最初の日本人は寺尾寿（てらおひさし）（一八五五～一九二三）である。寺尾はフランスに四年間留学して明治一六（一八八三）年に帰国。現在に続く日本の近代天文学研究の基礎を築いたのである。

あとがき

本書は、天文学者を切り口として江戸時代の天文学を概観してきた。それぞれの章に主人公ともいうべき人物を設定し、前半では主に彼らが置かれた状況や行動の様子を紹介し、後半では彼らが行った研究の具体例を中心に紹介する構成とした。そのため、各章の前半と後半ではテイストが異なるようにも見えるが、どちらも主人公たちの姿が浮かび上がるように心掛けた。

偉人伝でもなく、かといって科学史の専門書でもないという線を意図したのは、筆者の体験が影響している。筆者が江戸時代の天文学に触れたのは、かれこれ三〇年ほど前のことである。学生時代に出入りしていた大阪市立電気科学館で、麻田剛立や高橋至時、間重富ら近世大坂の天文学者たちの存在を教えてもらったのが最初だった。

地元の先人ということもあって興味を抱き、詳しく調べてみようとしたのだが、あいにく街の書店などで簡単に手に入る書籍はほとんどなかった。そんな中、古書店を何軒か巡ってようやく入手したのが、高橋至時ら麻田学派の書簡集「星学手簡」を活字化したものが掲載された『日本洋学史の研究』（参考文献リスト参照。IとVの二冊ある）であった。予備知識が少ない初心者であったから、専門的な内容は満足に理解できなかったのだが、純粋に手紙として読むと非常に面白かった。

特に間重富と高橋至時が交わした私信には、彼らを取り巻く状況が時には面白おかしく、時には感情がむき出しになって書かれていたから、読んでいくと自分も江戸時代に引き込まれるような感覚になってくるのだった。この本は今に至るまで時折読み返しているが、その時々の筆者の感覚とも相まって味わい深さは変わらない。このような体験から、等身大の姿とまではいかないが、彼らが社会と密接に関わり、悩んだり楽しんだりしながら研究に取り組んでいた姿を紹介してみたいと思った次第である。本書を通じて、遠い過去の天文学者たちを、少しでも身近に感じていただけたら幸いである。

ところで、本書で見てきたように、江戸時代には多くの人たちが天文学に関わり、研究に心血を注いで成果を積み上げてきた。しかし、明治維新によってそれらは時代遅れのものとされ、観測記録や研究成果は価値のないものとされてしまった。当然ながら、明治政府が設立した天文関係の部署でも利用されなかった。恐らくはこの時、多くの資料が廃棄されたことだろう。

江戸時代の天文学が再び注目されるようになったのは明治の半ばになってからで、一部の学者たちが散逸、廃棄を免れた先人たちの資料を集め、再評価しはじめた。しかし、これは過去の成果を科学研究に取り入れようとしたのではなく、あくまでも歴史的な視点からの研究であり、評価であった。その流れから、大正から昭和初期にかけて多くの研究成果が出された。また、昭和三〇〜四〇年代にも盛んに研究が行われ、多くの論文や研究書などが発表されている。

その後は、平成に入って江戸時代の科学や天文学者が注目を浴びる機会があったものの、天文学史を専門とする研究者の数の増加は見られず、現状では若手がほとんどいないのは残念なことである。研究者の中からは、この状態が続けば三、四〇年後には研究者がいなくなってしまうのではないかと心配する声も出ている。確かに、研究のために当時の資料を読もうとすると、古文や漢文の知識が必要となる。くずし文字を読む機会もあるし、オランダ語が必要になる場合もある。当然ながら、天文学や数学の基礎的な知識も必要であるから、なかなかハードルが高いのも実情である。しかし、文系・理系の垣根を越えて、総合的な視野で対象を見ることができる楽しさもあるので、本書を通じて天文学史に興味を持たれた方がいたら、ぜひ専門書などを見ていただければ幸いである。

もちろん、本書が取り上げた話題が、江戸時代の天文学のすべてではない。むしろ、幕府天文方とその周辺というごく狭い範囲しか扱っていない。近世の天文学は、その他にも南蛮天文学をはじめ、オランダ通詞を中心とした長崎での研究、仏教や国学の立場からの研究、日本全国に散らばる在野の研究者の活動、各藩での研究、望遠鏡や観測機器を作る技術者の活動など、非常に幅広くかつ奥が深い。ぜひ広い世界を楽しんでいただきたい。

ところで、今年（二〇一六年）は間重富の没後二〇〇周年（生誕二六〇周年でもある）に当たっている。そこで何か顕彰をせねばといろいろ考えていたところ、三月一一日にうれしいニュースが飛び込んできた。国の文化審議会が開催され、重要文化財の指定として大阪歴史博物館と大阪市立中央図書館が所蔵する間重富関係資料七四一点が答申されたのだ。これらは、重富以来、間家四代にわたって続けられた天文観測の記録をはじめ、麻田学派の観測記録や研究書などを含む貴重な資料群である。筆者も地元にある資料ということで、ずいぶん調査させていただいたし、勤務先で開催した企画展の際には借用し展示させていただいた。本書でも何点か写真を使わせていただいた。これらの価値が認められたのを機に、興味を持つ人が増えてくれればうれしく思う次第である。

本書の執筆に際しては、筑摩書房の河内卓さんに大変お世話になった。執筆の機会を与えていただいただけでなく、筆が進まない筆者を励まし、内容について多くのアドバイスをくださった。心から感謝申し上げる。また、家族は草稿を読み赤ペンを入れてくれた。

なお本書の内容は、二〇〇六年から二〇〇九年にかけて天文教育普及研究会の『天文教育』誌で連載した「江戸時代の天文学」の一部と、大阪市立科学館で開催した企画展「渋川春海と江戸時代の天文学」（二〇一二年）、「江戸時代の天文学」（二〇一五年）の図録のために執筆した原稿の一部をベースとし、大幅に加筆修正したものである。完成までの間には多くの方にご協力をいただいた。あわせてお礼申し上げる。

二〇一六年六月

著者識

文庫版あとがき

二〇一六年にちくま新書から出版された拙著がこのたび文庫化されることになった。拙著を手に取っていただける機会を再び設けていただき感謝する次第である。文庫化にあたり、この八年の間に新たに明らかになったことや、新書版では説明が至らなかったことなどを整理し、若干の改訂を行なった。加えて、江戸時代の天文学者たちが新しい知識を吸収するのに、書物が重要な役割を果たしていたことから、書物を切り口にしたごく短い補章を付け加えた。

ところで、新書版のあとがきでは、日本の天文学史の研究者が減少していることに触れた。八年経った現在も状況が大きく変わったとは言えないが、明るい材料が見られる。この間にあったコロナ禍により増加したオンライン研究会では多くの参加者があり、人々が興味を持っていることを実感した。また、江戸時代の天文学者たちを見る視点も広がり、近世の文化史や思想史、陰陽道などの宗教史からの考察も進んできて、より立体的に把握されるようになってきている。

また、現存する実物史料の顕彰も行われている。日本天文学会が制定する日本天文遺産制度では、二〇一八年度に旧会津藩校日新館に設けられた天文台跡が、二〇二〇年度には旧仙台藩の天文学者たちが製作、使用した渾天儀や象限儀、天球儀の天文機器が、それぞれ天文遺産に認定された。加えて、拙著でも引用している麻田学派の書簡集『星学手簡』が二〇二三年に国の重要文化財に指定された。

たくさんの人が尽力し実現したこのような動向が、より興味や関心を持つ人が増えるきっかけになるものと信じている。同時に、ささやかながら拙著がその一助となれば幸いである。

今回の文庫本化にあたり、尊敬する渡部潤一先生に素敵な解説を寄せていただいた。筑摩書房の河内卓さんには、文庫化のお話をいただき、今回も作業の遅い筆者に多くのアドバイスをいただいた。また家族は夜中にパソコンの前でウンウン唸りながら改稿作業をする筆者を温かく見守ってくれた。編集作業が最終盤にさしかかった今、このあとがきを書きながら、完成までに多くの人にお世話になったことが思い出される。皆様に心より感謝申し上げる。

二〇二四年八月暑中

筆者再識

解説　宇宙への情熱——時代を超えても変わらぬ思い

渡部潤一

　二〇一三年の年末のこと、久しぶりに大彗星が現れると話題になったことがある。一一月末に太陽に接近した後、肉眼でも尾を引く姿が眺められる大彗星になると期待されたのだ。この彗星への期待は天文学者も同じで、明るくなった頃を狙って様々な観測の計画が世界中で立案され、ハッブル宇宙望遠鏡をはじめ、多くの最新鋭の望遠鏡が彗星を向く予定であった。一般の方々の期待も大きかった。彗星が見える明け方にチャーターの飛行機を飛ばして上空から眺めようとするツアーが企画されたり、NHKでも国際宇宙ステーションの若田光一宇宙飛行士と結んで、生中継しようとする特別番組も組まれるほど、ある意味では社会現象にもなったのである。

　ところが、期待を一身に受けていた彗星は、太陽に最接近した前後にばらばらに分裂・四散して、雲散霧消してしまった。世界中の彗星研究者は、この全く予想外の振る舞いに驚きを隠せなかった。みな大彗星になることを信じて疑わなかったからだ。翌日の「NHKニュース7」では、この彗星の崩壊消失がトップニュースとして報じられたのだが、その中で専門家としてコメントを求められ、実に困ってしまった。なにしろ当時は何が起こったのか、わからない状態だったからだ。仕方なく、「宇宙のいろんな現象の予測は難しいと逆に知ってもらういい機会になった」と言わざるを得なかった。このコメントは、予想を外した天文学者の側にしては、ずいぶんとポジティブではないかと評された。

いま振り返ってみれば、現代科学の最前線の一端を一般の方々に知ってもらう良い例となったのでは、と思う。なにしろ、インターネットで検索したり、会話型AIに尋ねたりすれば、何でもかんでも一見するとまともそうな情報が入手できる時代である。すでにわかっていないことはないとか、あるいはわかっていないのは自分だけだろう、という思い込みが、現代人の心のどこかにある気がする。考えてみれば、教科書に書かれていることや、世界中のデータの中に存在している情報は、これまで人類が覗き見て、解き明かしてきた、ある意味で世界の片隅の、まだまだ狭い知見に過ぎない。その先にある「わからない」こと、あるいは「解明されていない」ことが、まだまだ世の中にたくさんある。その未解明な世界に挑むのが、科学なのである。

もちろん、天文学における知見もずいぶんと蓄積され、その地平線もかなり広がってきたことは確かだ。いまや探査機を打ち上げ、対象の天体にぴたりと照準を合わせて近づき、その姿を垣間見る、場合によっては、はやぶさ探査機のようにサンプルを採取し、地球に届けることさえできている。天体力学に基づく天体の運動の原理や、ロケットの推進の原理が理解された上に成り立つ技術の成果である。太陽系の天体の任意の時刻における位置推算などは極めて正確にできるようになっているのだ。

しかし、その一方で、最初の彗星の例に示したように、わからないことはまだまだ膨大だ。宇宙に限っていえば、われわれの世界を形作っているもののうち、実は五パーセントしか解明されておらず、残りの九五パーセントは暗黒物質と暗黒エネルギーであることまではわかってきた。しかし、暗黒物質も暗黒エネルギーも、その名前はつけたものの、人類はまだその正体を理解できていないのだ。ある意味で、人類は知的文明としてはまだまだ未熟なのであり、われわれが知らない世界が知の地平線の向こう側にさらに広がっている、という認識を持つべきだろう。

いずれにしろ、わからないことへの探究心はいつの時代も変わることはない。その時代における知の地平線の外側に広がる未知の領域に挑むのが、その時代の科学者と定義してもよいだろう。その意味で本書『天文学者たちの江戸時代』が取り上げる人々は、まさにそんな未知の世界へ情熱を持って挑戦しようと奮闘した科学者たちなのである。

そして、江戸時代における未知なる世界、科学者たちが取り組んだ大きなテーマの一つが、暦の不備であった。天を振り仰いで見つめたとき、発行された暦に書かれたものと、日食や月食などの実際に起こる天文現象とが合致しなかったのだ。暦に書かれた日食や月食が予想通りに起こらなかったり、食分（月や太陽が食の時にどの程度隠されるかの度合い）が違ったり、あるいは逆に予想されていない日食や月食が起こってしまっていたのだ。

本書では、まずプロローグとして、江戸時代に至るまでの日本の天文学の歴史についての概説がある。中国から輸入される知識や文化を背景に、日本の天文学がどのように発展してきたか、それが社会の中でどのような役割を担っていたかが概観される。陰陽師の例を挙げるまでもなく、「天文」の意味を含む社会的な概念が変遷していく歴史の中で、江戸時代がいかに面白いかが述べられているのは筆者ならではだろう。そうして長い歴史の中での江戸時代の天文学の重要性を浮かび上がらせた上で、詳細な解説に入っていく。

まずは八〇〇年ぶりの改暦を行った渋川春海である。二〇〇九年の『天地明察』という小説、あるいは映画でもご存じの方もおられるに違いない。日本独自の暦を作り上げ、また新設された幕府天文方に就任し、暦の作成の実質的な業務を朝廷から幕府へ移した人物として紹介するだけでなく、彼の作り上げた「天文分野之図」を詳細に解説し、中国流の「天文」、つまり天文占にも深く傾倒していた側面にも触れている。

時代が下り、一八世紀になると西洋天文学の影響が大きくなっていく。吹上御庭に自ら天文台まで設置した八代将軍徳川吉宗の政策から、暦法を巡る朝廷と幕府の確執。そして中国を通じて輸入される西洋天文学の知見は、情熱を持つ多くの人たちに読み解かれ、麻田剛立と、その弟子たちである間重富、高橋至時らへと受け継がれていく。かれら麻田学派の活躍は、西洋天文学の知見を生かした、より正確な暦である寛政暦へとつながっていくのだ。同時に改暦後、至時のもとで学んだ伊能忠敬が、あの有名な全国測量へと旅立つことになる。ここで面白いのは、この頃になると、かつての

「天文占」の意味が希薄になり、天文方の中でも次第に吉凶を占うような態度が薄れていったことだ。

西洋でも、この傾向は同様であった。一七世紀ではガリレオ・ガリレイやヨハネス・ケプラーが科学的真理を求めて活躍しつつも、一方でホロスコープを書くことで占星術的な仕事もしていたことは有名だが、その後のアイザック・ニュートンやジョバンニ・カッシーニの時代になると、もはや天文学と占星術は完全に分離していった。本書の特徴のひとつが、こうした天からの啓示という意味づけを持つ「天文」と科学の「天文」とが、日本という舞台でどのように変遷していったかをつまびらかにしているところである。こうした視点での明確な解説は、少なくとも私は他に類例を知らない。

さらに時代が下り、江戸時代末期になると天文学者も時代に翻弄されていく。高橋至時を引き継いで、天文方となった長男・高橋景保は西洋天文学、特に「ラランデ暦書」という暦に関する書物を読み解き、当時としては最新の宇宙像を理解していった。同時に、一九世紀初頭に出現したふたつの大彗星について丹念な観測記録をつけ、軌道計算まで行い、『彗星略考』なる解説書まで著している。そして、そこにはかつて見られた「天文占」の影はまったくなくなったのである。

一方で、時代の波は容赦なかった。頻繁な外国船の寄港をうけ、オランダ語などの文献を解読してすでに「翻訳センター」となっていた天文方に、外国文書の翻訳作業命令がより多く降ってくるようになったのだ。さらに、その中心であった高橋景保は、親交を持っていたオランダ商館のドイツ人シーボルトに、西洋の最新知見と引き替えの形で、伊能忠敬作成の地図の写しを渡してしまったことから、有名なシーボルト事件で獄死してしまうのである。

もともと、本書で取り上げられる江戸の天文学者らの多くは、自らの理解や知見が西洋に比べて劣っていることを自覚していただろう。鎖国制度の下、わずかに入ってくる本をむさぼるように読み解き、それを理解しようとする情熱は半端ではない。それはわれわれ現代の天文学者が、宇宙の彼方から来るわずかなシグナルを追い求め、読み解くのとよく似ている。わずかな情報から宇宙を理解しようとする姿勢は時代を超えても何ら変わらない。景保は、その情熱が過ぎて、国家機密を渡してしまったのではないか、などと私は考えてしまう。

その後、至時の次男・渋川景佑が寛政暦をさらに発展させ、日本の太陰太陽暦の最後となる天保暦の完成をみることになる。ちなみに景佑は晩年『新修彗星法』なる著作を出し、その中で彗星がぼやっと見える特徴を大気を持つことで説明している。そのこと自体は西洋の知見をそのまま伝えたものではあるが、その解説の中で「地球も大気を持っており、月から見れば地球の輪郭はぼやけて見えるだろう」ということを述べていた。著者は、このような視点移動が当時は極めて珍しいことであるとし、景佑のセンスを高く評価している。

このように、本書では江戸時代の天文学者と呼べる人々が、時代に翻弄されながらも、暦という知の最前線にいかに挑み、そして解き明かしてきたか、丹念な資料をもとに生き生きと描かれているだけでなく、その背景や人物像まで見事に浮かび上がらせている。そして、そこに読み取れるのは宇宙の謎に挑もうとする情熱に突き動かされた人間群像である。

しかも皆その情熱ゆえに、いわば道を「逸れてきた」人物ばかりであることにも注意してほしい。初の日本独自の貞享暦を作った渋川春海は、もともと碁打ちからの転身である。自らの天体観測を元に独自の暦を編みはじめていた麻田剛立は、どうしてもという自らの思いに駆られたからか、杵築藩を脱藩した医者である。その門人で、後に江戸幕府から協力を求められ、西洋天文学を応用して寛政暦をつくりあげた二人の偉人もそうだ。高橋至時はもともと大坂の同心であり、間重富は大坂で質屋を営む商人であった。極めつけが、後に天文測量によって正確な日本地図を完成させた伊能忠敬であろう。隠居後に高橋至時に弟子入りし、天文学を学び始めた天領の名主である。その熱い情熱は自らの人生を変え、そして時代を超えて受け継がれていくのである。

現代においても、冒頭に紹介した彗星や流星群などの一部の天文現象は、まだまだ予測が難しい。われわれ天文学者は、その振る舞いの裏に隠れた本質は何かを求め、日夜格闘して研究を続けている。宇宙への謎解きの情熱に裏打ちされた先人たちの挑戦、そして幾多の困難を乗り越えてきた歴史を本書で読むことで、なんだか不思議に勇気をもらえるのである。

主要参考文献

全般

有坂隆道「享和期における麻田流天学家の活動をめぐって――「星学手簡」の紹介」（有坂隆道編『日本洋学史の研究Ⅰ』創元社、一九六八年）

大崎正次『天文方関係史料』私家版、一九七一年

広瀬秀雄ほか校注『近世科学思想』下、「日本思想大系」六三、岩波書店、一九七一年

中山茂『日本の天文学――西洋認識の尖兵』岩波新書、一九七二年

司馬遷著、野口定男ほか訳『史記』上、平凡社、一九七二年

広瀬秀雄ほか校注『洋学』下、「日本思想大系」六五、岩波書店、一九七二年

上原久『高橋景保の研究』講談社、一九七七年

有坂隆道「寛政期における麻田流天学家の活動をめぐって――「星学手簡」の紹介」（有坂隆道編『日本洋学史の研究Ⅴ』創元社、一九七九年）

大谷亮吉編著『伊能忠敬』（復刻版）、名著刊行会、一九七九年

日本学士院日本科学史刊行会編『明治前日本天文学史　新訂版』野間科学医学研究資料館、一九七九年

上原久・小野文雄・広瀬秀雄編『天文暦学諸家書簡集』講談社、一九八一年
渡辺敏夫『近世日本天文学史』上・下、恒星社厚生閣、一九八六・一九八七年
大阪市立博物館編『特別陳列　羽間文庫――町人天文学者間重富と大阪』大阪市立博物館、一九九九年
浅見恵・安田健訳編『日本科學技術古典籍資料』天文學篇1〜4、科学書院、二〇〇〇〜二〇〇一年
林淳『天文方と陰陽道』山川出版社、二〇〇六年
中村士『江戸の天文学者　星空を翔る――幕府天文方、渋川春海から伊能忠敬まで』技術評論社、二〇〇八年
梅田千尋『近世陰陽道組織の研究』吉川弘文館、二〇〇九年
嘉数次人「江戸時代の天文学」大阪市立科学館、二〇一五年
梅田千尋編『新陰陽道叢書』第三巻近世、名著出版、二〇二一年

第一章

谷秦山『秦山集』（翻刻本）、谷干城、一九一〇年
西内雅『谷秦山の学――皇國學の規範』冨山房、一九四五年
杉岳志「徳川将軍と天変――家綱〜吉宗期を中心に」（『歴史評論』第六六九号、歴史科学協議会、二〇〇六）

嘉数次人「渋川春海と江戸時代の天文学――「天地明察」の時代」大阪市立科学館、二〇一二年
児玉祥吾「貞享改暦の実態」(『龍谷日本史研究』第三七号、龍谷大学日本史学研究会、二〇一四年)
「小特集　渋川春海没後三〇〇周年――渋川春海研究の新展開に向けて」(『科学史研究』第五四巻、第二七六号、日本科学史学会、二〇一六年)
林淳『渋川春海――失われた暦を求めて』山川出版社、二〇一八年

第二章

渡辺敏夫『近世日本科学史と麻田剛立』雄山閣、一九八三年
大分県立先哲史料館編『大分県先哲叢書　麻田剛立資料集』大分県教育委員会、一九九九年
末中哲夫監著、宮島一彦、鹿毛敏夫著『麻田剛立』大分県教育委員会、二〇〇〇年
川村博忠『江戸幕府の日本地図――国絵図・城絵図・日本図』吉川弘文館、二〇〇九年
和田光俊「享保期における改暦の試みと西洋天文学の導入」(笠谷和比古編『一八世紀日本の文化状況と国際環境』思文閣出版、二〇一一年)

第三章

吉田忠「『暦象新書』の研究」(『日本文化研究所研究報告』第二五集、東北大学文学部附属

日本文化研究施設、一九八九年）
曲亭馬琴『兎園小説』（『日本随筆大成』第二期1、吉川弘文館、一九九四年）
森銑三『新編　おらんだ正月』岩波文庫、二〇〇三年
渡辺一郎編著『伊能忠敬測量隊』小学館、二〇〇三年
「特集：西洋精密科学受容の先人たち」1・2（『天文月報』第九八巻、第五号・第六号、日本天文学会、二〇〇五年）
嘉数次人「高橋至時と地動説」（『科学史研究』第五〇巻、第二五九号、日本科学史学会、二〇一一年）

第四章

渡辺敏夫『天文暦学史上に於ける間重富とその一家』山口書店、一九四三年
吉田忠「天文方の蘭人対話」（『比較文化研究』第一二輯、東京大学教養学部比較文学比較文化研究室、一九七二年）
大阪市立博物館編『特別展　江戸時代の科学技術――町人天文学者間重富没後一六〇年記念』大阪市立博物館、一九七七年
斉藤国治『飛鳥時代の天文学』河出書房新社、一九八二年
嘉数次人「間重富の『暦象考成後編』入手をめぐって」（『科学史研究』第五一巻、第二六一号、日本科学史学会、二〇一二年）

第五章

下沢剛、広瀬秀雄「久間孝子覚え書き――幕末期天文方の生活」（『科学史研究』第一一巻、第一〇三号、日本科学史学会、一九七二年）

吉田忠「寰宇総論の研究」（『日本文化研究所研究報告』第一一集、東北大学文学部附属日本文化研究施設、一九七五年）

佐藤利男「江戸浅草天文台の建物配置と諸設備」1・2（『天界』第八六巻、第九六三号・九六四号、東亜天文学会、二〇〇五年）

大村市史編さん委員会編『新編大村市史』第三巻近世編、大村市、二〇一五年

佐藤賢一、平岡隆二、梅田千尋、橋本雄太「開陽丸引き揚げ文書について――幕府天文方と開陽丸――」（洋学史学会研究年報『洋学』三〇、洋学史学会、二〇二三年）

補章

氏家幹人「書物方年代記」①〜⑤（『北の丸』第四二〜四六号、国立公文書館、二〇〇九〜一四年）

写真出典一覧

写真 1、写真 7（『天経或問註解』）、写真 8（『天経或問註解』）、写真 33

個人蔵（出典：『渋川春海と江戸時代の天文学』大阪市立科学館）

写真 2

仙台市天文台

写真 3、写真 10、写真 29、写真 34

国立国会図書館デジタルコレクション

写真 4、写真 5、写真 12、写真 13（『西洋新法暦書』）、写真 14、写真 16、写真 24（『西洋新法暦書』）、写真 25、写真 26、写真 36、写真 37

大阪市立科学館

写真 6、写真 32

国立天文台

写真 9、写真 15、写真 17、写真 19

著者

写真 11（『三際図説』）、写真 21

個人蔵（出典：『江戸時代の天文学』大阪市立科学館）

写真 18、写真 20

個人蔵（提供：大阪市立科学館）

写真 22、写真 28、写真 30、写真 31

大阪歴史博物館

写真 23、写真 35、写真 38

国立公文書館

写真 27

大阪市立中央図書館

享和4	1804	高橋至時没
文化元		高橋景保、幕府天文方となる
〃		間重富、江戸に出府し天文方御用を勤める
文化2	1805	高橋景佑、伊能忠敬の測量に従う
文化5	1808	高橋景佑、渋川家の養子となる
文化6	1809	渋川景佑、幕府天文方となる
文化8	1811	高橋景保、蛮書和解御用の主管となる
文化10	1813	浅草天文台、火事に遭う
文化11	1814	高橋景保、幕府書物奉行
文化12	1815	渋川敬直生まれる
文化13	1816	間重富没
文政元	1818	伊能忠敬没
文政4	1821	伊能忠敬の『大日本輿地全図』上呈
文政8	1825	異国船打払令
文政9	1826	間重新、天王星を観測
文政11	1828	シーボルト事件、高橋景保逮捕
文政12	1829	高橋景保獄死
天保6	1835	ハレー彗星出現。天文方で観測し、軌道要素を計算
天保7	1836	渋川景佑、『新巧暦書』『新修五星法』を上呈する
天保12	1841	渋川景佑と足立信頭、改暦の命を受ける
天保13	1842	改暦宣下、名を「天保壬寅元暦」と賜る
〃		渋川敬直、幕府書物奉行となる
天保15	1844	天保暦施行
弘化2	1845	渋川敬直、不届により臼杵藩主にお預けとなる
安政3	1856	山路諧孝、蛮書和解御用の任を解かれる
〃		渋川景佑没（墓碑銘による）
慶應3	1867	大政奉還
明治元	1868	明治政府、暦道のことを土御門家に任せる
明治3	1870	明治政府、大学内に天文暦道局を設置し、土御門家解任
明治6	1873	太陽暦施行

		年いったん江戸へ帰る
〃		渋川則休没。渋川光洪、幕府天文方となる
寛延 4	1751	西川正休と渋川光洪、改暦御用で京都へ出る
〃		徳川吉宗薨
宝暦 2	1752	西川正休、関東に召し返される
宝暦 4	1754	改暦宣下、名を「宝暦甲戌元暦」と賜う
宝暦 5	1755	宝暦暦施行
宝暦 6	1756	間重富生まれる
宝暦 13	1763	9 月 1 日、頒暦に記載されていない日食起こる。麻田剛立の予報が当たる
明和元	1764	山路主住、渋川光洪の次席に任ぜられる
〃		佐々木長秀、幕府天文方となる
〃		高橋至時生まれる
明和 2	1765	佐々木長秀、新暦調べを命じられる
明和 8	1771	修正宝暦暦が施行される
安永元	1772	麻田剛立、杵築を出発し大阪へ出る
安永 8	1779	吉田秀升、幕府天文方となる
天明 5	1785	高橋景保生まれる
天明 7	1787	高橋（渋川）景佑生まれる
〃		この頃、高橋至時と間重富が麻田剛立に入門
寛政 2	1790	山路徳風、幕府天文方となる
寛政 4	1792	吉田秀升と山路徳風、『崇禎暦書』による暦書作成を命ぜられる
寛政 5	1793	吉田秀升と山路徳風、『崇禎暦書』による試暦を上呈
寛政 7	1795	3 月、高橋至時と間重富、暦学御用につき出府
〃		11 月、高橋至時、幕府天文方となる
〃		伊能忠敬、高橋至時に入門
寛政 8	1796	高橋至時ら改暦御用の命を受ける
寛政 9	1797	改暦宣下、名を「寛政暦」と賜る
寛政 11	1799	麻田剛立没
寛政 12	1800	伊能忠敬、蝦夷地測量
享和 2	1802	間重富、幕府御用で長崎へ出張
享和 3	1803	高橋至時、ラランデ暦書取り調べの命を受ける

関連年表

年号	西暦	事　項
慶長 8	1603	徳川家康、征夷大将軍となり、江戸幕府を開く
寛永 16	1639	渋川春海生まれる
万治 2	1659	渋川春海、西国に遊び北極出地の度数を測定
寛文 7	1667	渋川春海、会津に招かれて藩主保科正之に謁す
寛文 10	1670	渋川春海『天象列次之図』を著す
寛文 13	1673	6月、渋川春海、上表して改暦を請う。延宝3年までの6回の食を推算した『食考』を献上
延宝 5	1677	渋川春海、『天文分野之図』を著す
天和 3	1683	11月、渋川春海、改暦を上表。改暦の勅あり
貞享元	1684	3月、改暦宣下、大統暦を行う。春海、上表する
		10月、改暦宣下し、春海の暦法を用いる
		12月、渋川春海、幕府天文方に任ぜられる
貞享 2	1685	貞享暦施行
元禄 11	1698	渋川春海、『天文瓊統』を著す
元禄 12	1699	渋川昔尹、『天文成象』を著す
正徳 5	1715	4月、渋川昔尹没
〃		10月、渋川春海没
享保元	1716	徳川吉宗、将軍就任
享保 3	1718	徳川吉宗、測午表を作り、吹上御庭で観測
享保 5	1720	禁書の令を緩和
享保 11	1726	梅文鼎の『暦算全書』が輸入され、中根元圭に翻訳が命ぜられる
享保 19	1734	麻田剛立生まれる
元文 5	1740	西川正休、天文御用で召し出される
延享 2	1745	伊能忠敬生まれる
延享 3	1746	渋川則休と西川正休、改暦（補暦）御用を命ぜられる
延享 4	1747	西川正休、幕府天文方となる
寛延 3	1750	渋川則休と西川正休、改暦御用で京都へ出るが、同

本書は二〇一六年七月に小社より刊行された。文庫化に際し、加筆訂正のうえ、
補章と文庫版あとがき、解説を加えた。

杉浦日向子ベスト・エッセイ　杉浦日向子
初期の単行本未収録作品から、若き晩年、自らの生と死を見つめた名篇までを、多彩な活躍をした人生の軌跡を辿るように集めた、最良のコレクション。

お江戸暮らし　杉浦日向子
江戸にすんなり遊べる幸せ。漫画、エッセイ、語りと江戸の魅力を多角的に語り続けた杉浦日向子の作品群から、精選して贈る、最良の江戸の入口。

江戸へようこそ　杉浦日向子
江戸人と遊ぼう！　北斎も、源内もみ～んな江戸のワタシラだ。江戸人に共鳴する現代の浮世絵師が、イキイキ語る江戸の楽しみ方。（泉麻人）

大江戸観光　杉浦日向子
はとバスにでも乗った気分で江戸旅行に出かけてみましょう。歌舞伎、浮世絵、狐狸妖怪、かげま……。名ガイドがご案内します。（井上章一）

合葬　杉浦日向子
江戸の終りを告げた上野戦争。時代の波に翻弄された彰義隊の若き隊員たちの生と死を描く歴史ロマン。第13回日本漫画家協会賞優秀賞受賞。（小沢信男）

ゑひもせす　杉浦日向子
著者がこよなく愛した江戸庶民たちの日常ドラマ。町娘の純情を描いた「袖もぎ様」、デビュー作「通言室乃梅」他8篇の初期作品集。（夏目房之介）

ニッポニア・ニッポン　杉浦日向子
はるか昔に思える明治も江戸も、今の日本と地つづきなのです。江戸・明治を描き続けた杉浦日向子が案内する〝ニッポン開化事情〟。（中島梓／林丈二）

東のエデン　杉浦日向子
西洋文化が入ってきた文明開化のニッポン。その時代の空気と生きた人々の息づかいを身近に感じさせる、味わい深い作品集。（赤瀬川原平）

YASUJI東京　杉浦日向子
明治の東京と昭和の東京を自在に往還し、夭折の画家井上安治が見た東京の風景を描く静謐な世界。他に単行本未収録四篇を併録。（南伸坊）

佐武と市捕物控　江戸暮しの巻　石ノ森章太郎
江戸の町に起こる殺し。事件の陰に潜む人の心の闇と生きる哀しさを描いた、巨匠・石ノ森の代表作シリーズのオリジナル・アンソロジー。（中野晴行）

樹木の教科書　館野正樹

どれも似ていて、見分け方がわからない。この樹の名前はなんだっけ？　樹木の生態がわかれば、地球の歴史と進化が驚くほどクリアに見えてくる！

木の教え　塩野米松

かつて日本人は木と共に生き、木に学んだ教訓を受け継いできた。効率主義に囚われた現代にこそ生かしたい「木の教え」を紹介。（丹羽宇一郎）

ドングリの謎　盛口満

ドングリって何？　食べられるの？　虫が出てくるのはなぜ？　拾いながら、食べながら考えた「ドングリの謎」。楽しいイラスト多数。（チチ松村）

したたかな植物たち【春夏篇】　多田多恵子

スミレ、ネジバナ、タンポポ。道端に咲く小さな植物は、動けないからこそ、したたかに生きている！身近な植物たちのあっと驚く私生活を紹介します。

したたかな植物たち【秋冬篇】　多田多恵子

ヤドリギ、ガジュマル、フクジュソウ。美しくも奇妙な生態にはすべて理由があります。人知れず花を咲かせ、種子を増やし続ける植物の秘密に迫る。

野に咲く花の生態図鑑【春夏篇】　多田多恵子

野に生きる植物たちの美しさとしたたかさに満ちた生存戦略の数々。植物への愛をこめて綴られる珠玉のネイチャー・エッセイ。カラー写真満載。

野に咲く花の生態図鑑【秋冬篇】　多田多恵子

寒さが強まる過酷な季節にあえて花を咲かせ実をつける理由とは？人気の植物学者が、秋から早春にかけて野山を彩る植物の、知略に満ちた生態を紹介。

身近な野の草 日本のこころ　稲垣栄洋　三上修・画

日本の里山や畔道になにげなく生えている野草は、食用や染料としていつも私たちのそばにあった。50種を文章と緻密なペン画で紹介。（岡本信人）

身近な植物の賢い生きかた　稲垣栄洋

早春の花が黄色いわけ、乾燥に強い植物の高性能システムとは？　昆虫との仁義なき戦い、など植物たちの驚きに満ちた賢い生きかたを紹介する。（鈴木純）

身近な虫たちの華麗な生きかた　稲垣栄洋　小堀文彦・画

地べたを這いながらも、いつか華麗に変身することを夢見てしたたかに生きる身近な虫たちを紹介する。精緻で美しいイラスト多数。（小池昌代）

花と昆虫、不思議なだましあい発見記　田中肇　正者章子
ご存じですか？　道端の花々と昆虫のあいだで、驚くべきかけひきが行なわれていることを。花と昆虫のだましあいをイラストとともにやさしく解説。

オスとメス＝進化の不思議　長谷川眞理子
なぜ生物としての性差が生まれ、男、女、LGBTQが存在するのか？　動物行動学の第一人者が、進化の本質をやさしく語る最新かつ最良の入門書。

理不尽な進化 増補新版　吉川浩満
進化論の面白さはどこにあるのか？　科学者の論争を整理し、俗説を覆し、進化論の核心をしめす。アートとサイエンスを鮮やかに結ぶ現代の名著。（養老孟司）

牧野植物図鑑の謎　俵浩三
最も有名な植物学者・牧野富太郎には「ライバル」がいた――？　博士と同時に別の植物図鑑を出版したある男との関係を読む図鑑史。（大場秀章）

クマにあったらどうするか　姉崎等　片山龍峯
「クマは師匠」と語り遺した狩人が、アイヌ民族の知恵と自身の経験から導き出した超実践クマ対処法。クマと人間の共存する形が見えてくる。（遠藤ケイ）

深海の楽園　日本列島を海からさぐる　藤岡換太郎
深海に潜ってみれば、地球の変動を引き起こす謎の正体が見えてくる！　わかりやすい解説で定評のある地球科学者が、深海底の冒険に読者をご招待。

地理学者、発見と出会いを求めて世界を行く！　水野一晴
キリマンジャロ登山、ペルーの悪徳警官、ドイツ留学生活、ケニア山氷河の後退、天国の島ザンジバル……地理学も学べる冒険調査旅行記。（都留泰作）

日本人宇宙飛行士　稲泉連
地球を離れることで、人の感性はどう変わるのか？　いま宇宙に行く意味とは？　12人の証言をもとにした未体験ノンフィクション。（伊藤亜紗）

月の文学館　和田博文編
稲垣足穂のムーン・ライダース、中井英夫の月蝕領主の狂気、川上弘美が思い浮かべる「柔らかい月」……選りすぐり43篇の月の文学アンソロジー。

星の文学館　和田博文編
稲垣足穂も、三浦しをんも、澁澤龍彥も、私たちはみな心に星を抱いている。あなたの星はこの本にありますか？　輝く35篇の星の文学アンソロジー。

ちくま文庫

天文学者たちの江戸時代　増補新版

二〇二四年九月十日　第一刷発行

著者　嘉数次人（かず・つぐと）

発行者　増田健史

発行所　株式会社　筑摩書房
東京都台東区蔵前二―五―三　〒一一一―八七五五
電話番号　〇三―五六八七―二六〇一（代表）

装幀者　安野光雅

印刷所　株式会社精興社

製本所　加藤製本株式会社

ISBN978-4-480-43944-4　C0121